MATHÉMATIQUES POUR LE 2E CYCLE

Collection dirigée par Charles-Michel MARLE et Philippe PILIBOSSIAN

LES GROUPES FINIS ET LEURS REPRÉSENTATIONS

Gérard RAUCH

Professeur à l'Université de Haute Alsace

Dans la même collection *Mathématiques pour le 2ᵉ cycle*

- *Topologie,* Gilles Christol, Anne Cot, Charles-Michel Marle, 192 pages.
- *Calcul différentiel,* Gilles Christol, Anne Cot, Charles-Michel Marle, 224 pages.
- *Intégration et théorie de la mesure - Une approche géométrique,* Paul Krée, 240 pages.
- *Éléments d'analyse convexe et variationnelle,* Dominique Azé, 240 pages.
- *Cours de calcul formel - Algorithmes fondamentaux,* Philippe Saux Picart, 192 pages.
- *Distributions - Espaces de Sobolev, Applications,* Marie-Thérèse Lacroix-Sonrier, 160 pages.
- *Théorie de Galois,* Ivan Gozard, 224 pages.
- *Quelques aspects des mathématiques actuelles,* ouvrage collectif, 256 pages.
- *Éléments d'intégration et d'analyse fonctionnelle,* Aziz El Kacimi Alaoui, 256 pages.

ISBN 2-7298-0180-4

© Ellipses Édition Marketing S.A., 2000
32, rue Bargue 75740 Paris cedex 15

Le Code de la propriété intellectuelle n'autorisant, aux termes de l'article L.122-5.2° et 3°a), d'une part, que les « copies ou reproductions strictement réservées à l'usage privé du copiste et non destinées à une utilisation collective », et d'autre part, que les analyses et les courtes citations dans un but d'exemple et d'illustration, « toute représentation ou reproduction intégrale ou partielle faite sans le consentement de l'auteur ou de ses ayants droit ou ayants cause est illicite » (Art. L.122-4). Cette représentation ou reproduction, par quelque procédé que ce soit constituerait une contrefaçon sanctionnée par les articles L. 335-2 et suivants du Code de la propriété intellectuelle.

Avant-propos

Les éléments de la *théorie des groupes finis* présentés dans ce manuel sont extraits d'un cours d'algèbre de second cycle universitaire (licence et maîtrise), délivré à l'Université de Haute-Alsace entre 1995 et 1999.

La théorie des *représentations linéaires* des groupes finis est l'un des plus beaux acquis des mathématiques, que nous ont laissé les algébristes du XIXe siècle. Introduite à la fin du siècle par le mathématicien allemand F.G. FROBENIUS, sa mise en place nécessite une bonne assimilation des techniques de base enseignées aujourd'hui dans le premier cycle de nos Universités. L'algèbre linéaire et les espaces euclidiens y jouent un rôle fondamental. Bien sûr, une bonne appréhension préalable de la notion de groupe facilite la compréhension des notions introduites. L'opportunité d'approfondir ces notions a été l'un des arguments pour adopter la théorie des représentations linéaires des groupes finis dans notre programme de Maîtrise. Les nombreuses applications de cette théorie, concrètes et parfois plaisantes, ont constitué un second argument. Enfin les résultats obtenus ces dernières années, profonds et spectaculaires, ont été décisifs.

Cet ouvrage comporte quatre parties. La première développe les fondements de la théorie des groupes finis. Le théorème de structure des groupes abéliens de type fini et les théorèmes de SYLOW en sont les deux développements essentiels. La seconde partie, illustrée par des exemples, met en place la notion de représentation linéaire. Son point fort est la table des caractères d'un groupe fini. La troisième partie évoque les propriétés d'intégralité des caractères, donne la construction de la représentation induite et introduit le critère d'irréductibilité de MACKEY. Enfin, la dernière partie est consacrée aux applications. Parmi elles : le théorème de BURNSIDE sur le caractère résoluble des groupes finis d'ordre $p^\alpha q^\beta$, les représentations du groupe symétrique et une variante de la démonstration de la loi de réciprocité quadratique de GAUSS.

Suivant l'usage de cette collection, des exercices et des problèmes, avec des éléments de solutions, sont proposés en fin de volume. Ils permettent au lecteur de vérifier la bonne assimilation des notions introduites et fournissent quelques compléments au cours.

La bibliographie relative à la théorie des représentations linéaires est très importante. Nous n'avons retenu ici que les titres des livres explicitement cités au cours de l'ouvrage. On peut regretter que l'usage de la langue française se perde dans les publications scientifiques. La bibliographie proposée reflète ce constat.

Le lecteur curieux trouvera dans les *Notices of the American Mathematical Society* des mois de mars et avril 1998 une présentation historique proposée à l'occasion du centenaire de la théorie. Ce résumé, riche en informations, permet de mesurer l'ampleur de la diffusion de cette théorie en mathématique et aussi l'usage important qui en est fait dans les autres secteurs scientifiques. Ces notices ne mentionnent pas encore le congrès de Berlin d'août 1998, qui récompensera de nouveaux résultats dans ce domaine. On trouve dans la *Gazette des Mathématiciens* (octobre 1998, n°78)) un résumé, très abordable, des travaux de R. BORCHERDS sur la conjecture dite du *Clair de Lune*. Il décrit la liaison surprenante qui existe entre les représentations linéaires du *Monstre* de FISHER et *l'invariant modulaire* de JACOBI. À titre d'indication, cette vulgarisation scientifique a servi de base pour le mémoire d'un étudiant de notre maîtrise de mathématique.

Un ouvrage de mathématique n'est qu'exceptionnellement une œuvre de solitaire. Parmi les amis qui ont suivi avec intérêt la progression de ce livre, je tiens à remercier F. APÉRY et P. GUICHET pour leurs encouragements et leurs conseils. Je remercie particulièrement R. SEROUL de m'avoir sensibilisé à la belle typographie et initié à l'usage de TeX. Je me suis souvenu, au cours de l'ouvrage, des étudiants des années 1997-98 et 1998-99 qui m'ont beaucoup apporté pour l'amélioration de ce qui n'était alors qu'un polycopié. Sur le ballon rond, un visage reste attaché à chaque prénom. Enfin, je remercie très sincèrement les éditions ELLIPSES et l'équipe de direction de cette collection. Ils allient une gentillesse à toute épreuve à un grand professionnalisme. Sans eux, ce livre ne serait pas.

Gérard Rauch.

Table des matières

Avant-propos   1

1 Le vocabulaire de base de la théorie des groupes   7
   1.1 Le théorème de LAGRANGE 7
   1.2 Le premier théorème d'isomorphisme 8
   1.3 Produits de groupes 9
       1.3.1 Le produit direct de deux groupes 9
       1.3.2 Le produit semi-direct de deux groupes 10
       1.3.3 Une formule utile 11
   1.4 Groupe défini par générateurs et relations 11
   1.5 Centre et groupe dérivé : deux sous-groupes utiles 13
   1.6 Exemples de groupes 14

2 La structure des groupes abéliens de type fini   17
   2.1 Les groupes monogènes 17
   2.2 La structure des groupes abéliens finis 19
   2.3 Groupes abéliens libres de rang fini r 21
   2.4 Groupes abéliens de type fini 23

3 Les théorèmes de SYLOW et le groupe symétrique   25
   3.1 Opération de groupe 25
   3.2 Les résultats de SYLOW 28
   3.3 Quelques éléments sur le groupe symétrique 30

4 Introduction à la théorie des représentations linéaires   39
   4.1 Premières définitions et premiers exemples 39
   4.2 Premiers résultats 42
   4.3 Trois procédés de fabrication de représentations 43
       4.3.1 Quotient par un sous-groupe distingué 43
       4.3.2 Le produit tensoriel 43
       4.3.3 La représentation de permutation 44
   4.4 Caractère d'une représentation linéaire 45

5 Les outils ; premières applications — 49
5.1 Les résultats de base sur les représentations linéaires complexes des groupes finis — 49
5.1.1 Les relations d'orthogonalité — 50
5.1.2 Éléments pour une démonstration du théorème — 52
5.2 Exemples — 56
5.2.1 La représentation de permutation — 56
5.2.2 Les caractères des groupes $\mathfrak{A}_4$ et $\mathfrak{D}_4$ — 58
5.2.3 Le groupe des quaternions — 60
5.2.4 Un dernier exemple : le groupe dicyclique d'ordre 12 — 61

6 Propriétés d'intégralité des caractères — 63
6.1 Entiers algébriques — 63
6.2 L'algèbre d'un groupe fini — 64
6.3 Une propriété du degré d'une représentation irréductible — 66
6.4 Groupes résolubles — 66
6.5 Un théorème de BURNSIDE — 67
6.6 Deux divertissements — 68
6.6.1 Des entiers algébriques dans les corps cyclotomiques — 68
6.6.2 Des entiers relatifs dans la table des caractères du groupe symétrique — 70
6.6.3 Des zéros dans la table des caractères d'un groupe fini — 70
6.7 Appendice : la simplicité de $\mathfrak{A}_n$, $n \geq 5$ — 71

7 La représentation induite — 73
7.1 Définition et existence — 73
7.1.1 Notion de représentation induite — 73
7.1.2 Construction d'une représentation induite — 74
7.1.3 Les caractères irréductibles du groupe diédral — 74
7.1.4 Propriétés élémentaires de la représentation induite — 76
7.2 La formule de réciprocité de FROBENIUS — 78
7.2.1 Calcul du caractère induit — 78
7.2.2 La formule de FROBENIUS — 78
7.3 Le critère d'irréductibilité de MACKEY — 80
7.4 Les caractères des groupes d'ordre pq — 81
7.4.1 La classification des groupes d'ordre pq — 82
7.4.2 Les caractères des groupes non abéliens d'ordre pq — 83

8 Applications de la théorie des représentations linéaires — 85
8.1 Une démonstration de la loi de réciprocité quadratique de GAUSS — 86
8.1.1 Le sous-groupe G_1 des matrices triangulaires supérieures de $SL_2(\mathbb{Z}/p\mathbb{Z})$ — 86
8.1.2 Le groupe quotient $G = G_1/\mathrm{Cent}(G_1)$ — 87

	8.1.3	La loi de GAUSS	92

- 8.2 Les groupes de FROBENIUS 94
- 8.3 Caractères des groupes d'ordre p^3, p premier 97
  - 8.3.1 Première famille 98
  - 8.3.2 Seconde famille 99
- 8.4 Caractères des groupes $\mathfrak{A}_5$ et $\mathfrak{S}_5$ 100
  - 8.4.1 Les cycles de longueur n de $\mathfrak{S}_n$, n impair 100
  - 8.4.2 Les classes de conjugaison de $\mathfrak{A}_5$ 101
  - 8.4.3 Les caractères de $\mathfrak{A}_5$ 102
  - 8.4.4 Les caractères de $\mathfrak{S}_5$ 102

9 Les représentations du groupe symétrique 105
- 9.1 Compléments sur l'algèbre d'un groupe fini 105
  - 9.1.1 Propriétés universelles de $\mathbb{C}[G]$ 105
  - 9.1.2 Interprétation fonctionnelle du produit dans $\mathbb{C}[G]$ 106
  - 9.1.3 Structure euclidienne sur $\mathbb{C}[G]$ 106
  - 9.1.4 Idéaux à gauche de $\mathbb{C}[G]$ 107
  - 9.1.5 Un calcul de trace 107
- 9.2 Les modèles de YOUNG 108
  - 9.2.1 Partitions d'entiers et formes de YOUNG 108
  - 9.2.2 Opération de $\mathfrak{S}_n$ sur $\mathfrak{T}_n$ 109
  - 9.2.3 Un ordre sur $\mathfrak{F}_n$ 109
  - 9.2.4 Stabilisateurs associés à un tableau de YOUNG 110
  - 9.2.5 Un critère d'égalité des formes de deux tableaux de YOUNG 110
  - 9.2.6 Une propriété des tableaux de formes différentes 111
  - 9.2.7 Propriété caractéristique du symétriseur de YOUNG 112
- 9.3 Les représentations irréductibles de $\mathfrak{S}_n$ 112

A Exercices et problèmes sur les groupes 115

B Exercices et problèmes sur les caractères 123

C Exercices et problèmes sur les représentations induites 131

Bibliographie 139

Index 141

Symboles et abréviations

p : désigne, sauf indication contraire, un nombre premier

$\mathbb{N}$, $\mathbb{Z}$, $\mathbb{Q}$, $\mathbb{R}$, $\mathbb{C}$, $\mathbb{H}$: comme d'habitude ; le dernier désigne le corps des quaternions.

$\mathbb{F}_q$, $q = p^n$: le corps à q éléments

A^* : le groupe des éléments inversibles de l'anneau A

C_n^m ou $\binom{n}{m}$: le coefficient binomial

$\left(\frac{a}{p}\right)$: le symbole de Legendre

Trac : la trace

Cent : le centre

dg : le degré

$d|n$: d diviseur de n

$\sum_{d|n}$ ou $\prod_{d|n}$: somme ou produit, étendu à tous les diviseurs d de n

$|E|$ ou card(E) : l'effectif de l'ensemble fini E

$E \setminus F$: complémentaire de F dans E

E^G : l'ensemble des points fixes de E sous G

$\mathcal{O}_x$: l'orbite de x

P.P.C.M. : le plus petit commun multiple

P.G.C.D. : le plus grand commun diviseur

(m, n) : m et n sont premiers entre eux

$\langle\,,\,\rangle$: le symbole du produit scalaire

$\oplus$: le symbole de la somme directe

$\otimes$: le symbole du produit tensoriel

$H \hookrightarrow G$: l'injection naturelle du sous-groupe H dans le sous-groupe G

$H < G$: H sous-goupe de G

$H \triangleleft G$: H sous-groupe distingué de G

$<S>$: le sous-groupe engendré par la partie S

$\mathcal{L}(A)$: le groupe libre d'alphabet A

$o(G)$: l'ordre du groupe G

$o(g)$: l'ordre de l'élément $g \in G$

$[G : H]$: l'indice de H dans G

Aut : le groupe des automorphismes

Int : le sous-groupe des automorphismes intérieurs ou des conjugaisons

Stab : le stabilisateur

Ind_H^G : l'induite du sous-groupe H au groupe G

Res : la restriction

G' ou $[G, G]$: le groupe dérivé

$\mathcal{Q}$: le groupe d'ordre 8 des quaternions

GL_n : le groupe linéaire

SL_n : le groupe spécial linéaire

$\mathfrak{D}_n$: le groupe diédral

$\mathfrak{S}_n$: le groupe symétrique

$\mathfrak{A}_n$: le groupe alterné

sg : la signature

prof : la profondeur

$\phi(n)$: la fonction d'Euler

Φ_n : le $n^{\text{ième}}$ polynôme cyclotomique

Chapitre 1
Le vocabulaire de base de la théorie des groupes

1.1 Le théorème de LAGRANGE

Les mots groupe, sous-groupe et homomorphisme (ou plus brièvement morphisme) de groupes sont familiers. Ainsi, muni de l'addition, $\mathbb{Z}$, $\mathbb{Q}$ et $\mathbb{R}$ sont des sous-groupes du groupe additif $\mathbb{C}$ des nombres complexes. De même $\mathbb{Z}^* = \{\pm 1\}$, $\mathbb{Q}^*$ et $\mathbb{R}^*$ sont des sous-groupes du groupe multiplicatif $\mathbb{C}^*$ des nombres complexes. La notion d'isomorphisme de groupes (morphisme bijectif entre deux groupes) est fondamentale. Elle ramène l'étude des groupes à celle des classes[1] d'isomorphie de groupes [on vérifiera à titre d'exercice que sur les huit groupes précédemment cités deux seulement sont dans la même classe d'isomorphie]. Un exemple classique d'isomorphisme de groupes est donné par les groupes $\mathbb{R}$ (muni de l'addition) et $(\mathbb{R}^+)^*$ (muni de la multiplication) liés par l'application exponentielle : $x \mapsto \exp x$. La description des propriétés caractéristiques des classes d'isomorphie de quelques familles de groupes est aujourd'hui possible. C'est le cas de la famille des groupes abéliens de type fini comme nous allons l'établir dans le prochain chapitre.

On note o(G) (ordre de G) le cardinal d'un groupe G. Lorsque G est fini il s'agit du nombre des éléments de G. Le premier résultat, élémentaire mais important, sur les groupes d'ordre fini (abéliens ou non) est un théorème dû à LAGRANGE.

Théorème 1.1 (Lagrange) — *Soit H un sous-groupe d'un groupe fini G. L'ordre de H est un diviseur de l'ordre de G.*

Démonstration. Le sous-groupe H définit une partition de l'ensemble sous-jacent à G en classes à gauche (la classe à gauche d'un élément $g \in G$ est le sous-ensemble $gH = \{gh, h \in H\}$; l'ensemble des classes à gauche des éléments de G forme effectivement un recouvrement de G par des parties deux à deux disjointes). La

---
[1] Rappelons que la relation d'isomorphie est une relation d'équivalence et qu'une classe d'isomorphie de groupes est constituée des groupes deux à deux isomorphes.

translation $H \to gH$, $h \mapsto gh$, est une bijection de H sur la classe à gauche gH. On en déduit que le nombre des éléments de G est égal au produit du nombre des éléments de H par le nombre des classes à gauche de G associées au sous-groupe H. Le nombre de ces classes est appelé l'indice de H dans G et noté $[G:H]$. On a donc la relation de LAGRANGE :

$$o(G) = o(H) \cdot [G:H]. \quad \Box$$

Notion de sous-groupe distingué

On parle de la même façon de la classe à droite de $g \in G$ associée au sous-groupe H à savoir Hg. Dans un groupe abélien les deux notions sont indifférentiables mais dans un groupe non commutatif l'ensemble des classes à gauche et celui des classes à droite ne coïncident pas en général. Lorsqu'il y a coïncidence le sous-groupe H est dit distingué (notation : $H \triangleleft G$). Bien sûr H est simultanément la classe à droite comme la classe à gauche de l'élément neutre du groupe G (ainsi d'ailleurs que de tout élément $h \in H$). Observons encore, au passage, qu'un sous-groupe d'indice 2 est toujours distingué puisque la seconde classe, distincte de H, qu'elle soit à droite ou à gauche, est le complémentaire dans G du sous-groupe H.

1.2 Le premier théorème d'isomorphisme

L'intérêt des sous-groupes distingués apparaît surtout dans la définition des structures de groupes quotients. Le passage au quotient est un des procédés les plus féconds pour fabriquer et étudier les groupes. Comme dit plus haut, si H est un sous-groupe distingué d'un groupe G, les classes à gauche de G modulo H coïncident avec les classes à droite ; de plus il existe sur l'ensemble des classes modulo H une seule structure de groupe telle que l'application quotient $\pi : G \to G/H$, qui à chaque élément g de G associe sa classe $\pi(g) = \overline{g}$ dans G/H, soit un morphisme de groupes de noyau H. Le lecteur vérifiera sans difficulté que $\overline{g_1}.\overline{g_2} \mapsto \overline{g_1 g_2}$, où g_1 et g_2 sont des représentants quelconques dans G des classes des deux éléments $\overline{g_1}$ et $\overline{g_2}$ de G/H, définit cette opération de groupe.
Il est bon de mémoriser le petit schéma suivant

$$H \hookrightarrow G \xrightarrow{\pi} G/H$$

où la première flèche est l'injection naturelle.
Un premier résultat découle de cette notion de groupe quotient ; il est connu sous le nom de premier théorème d'isomorphisme :

Théorème 1.2 — *Soit $f : G_1 \to G_2$ un morphisme de groupes et $H_1 = Ker(f)$ son noyau. Le morphisme f se factorise à travers le quotient G_1/H_1 et donne naissance à un isomorphisme $\overline{f}$ entre le quotient G_1/H_1 et l'image de f.*

Produits de groupes

Le petit dessin suivant résume ce résultat dont la démonstration ne présente pas de difficulté.
$$\begin{array}{ccc} G_1 & \xrightarrow{f} & G_2 \\ \downarrow & & \uparrow \\ G_1/H_1 & \xrightarrow{\bar{f}} & Im(f) \end{array}$$

Remarque. Il y a un second théorème d'isomorphisme. Nous le citons ici pour mémoire.

Proposition 1.3 — *Soient H et K deux sous-groupes distingués d'un groupe G tels que $K \subset H$. Alors $G/H \simeq (G/K)/(H/K)$.*

1.3 Produits de groupes

Les notions de produit (direct et semi-direct) permettent de construire des groupes à partir de groupes déjà connus. Commençons par le produit direct.

1.3.1 Le produit direct de deux groupes

Soient H_1 et H_2 deux groupes (abéliens ou non). On définit leur produit direct par
$$G = H_1 \times H_2 = \{(h_1, h_2), h_1 \in H_1, h_2 \in H_2\}.$$
Le produit dans G est fait terme à terme, c'est-à-dire :
$$(h_1, h_2) \cdot (h'_1, h'_2) = (h_1 h'_1, h_2 h'_2).$$

Les groupes H_1 et H_2 s'identifient de façon évidente à deux sous-groupes distingués et permutables de G ($H_1 \hookrightarrow H_1 \times H_2$, $h_1 \mapsto (h_1, 1)$, de même pour H_2). Il est important de pouvoir reconnaître quand un groupe est isomorphe au produit direct de deux de ses sous-groupes. Une telle situation est fréquente et l'étude de G est alors facilitée par celle de ces deux sous-groupes.

Proposition 1.4 — *Soient H_1 et H_2 deux sous-groupes d'un groupe G (abéliens ou non). Pour que G soit isomorphe au produit direct $H_1 \times H_2$ il faut et il suffit que H_1 et H_2 soient deux sous-groupes distingués de G, qu'ils engendrent G et que $H_1 \cap H_2 = \{1\}$.*

Démonstration. On vérifie sans difficulté que l'application
$$H_1 \times H_2 \to G, \ (h_1, h_2) \mapsto h_1.h_2$$
est un isomorphisme de groupes. □

Il en est ainsi des groupes $\mathbb{R}^*$, où un nombre réel est donné par son signe et sa valeur absolue, et $\mathbb{C}^*$, où un nombre complexe est défini par son module et son argument. Notons que le groupe quotient G/H_1 est isomorphe au groupe H_2 ; de même le groupe quotient G/H_2 s'identifie au groupe H_1.

N.B. Dans le cas où le groupe G est abélien et où la loi de groupe est notée avec le signe $+$, on préfère parler de la somme directe de deux sous-groupes (notation $H_1 \oplus H_2$) plutôt que du produit direct. Dans ce cas les conditions de la proposition 1.6 deviennent $H_1 + H_2 = G$ et $H_1 \cap H_2 = \{0\}$. On notera l'analogie avec la somme directe de deux sous-espaces vectoriels. On se reportera aussi au paragraphe 1.3.3 pour une observation dans le cas non abélien.

1.3.2 Le produit semi-direct de deux groupes

C'est une notion plus délicate que la précédente ; elle n'apparaît pas dans le cas des groupes abéliens. Introduisons-la ici comme une généralisation du produit direct. Pour construire un produit semi-direct il faut se donner deux groupes H et K et un morphisme $\varphi : K \to \mathrm{Aut}(H)$ de K dans le groupe des automorphismes du groupe H. Le produit semi-direct G, de H et de K donné par l'opération φ, a pour ensemble sous-jacent l'ensemble produit $H \times K$. La loi de groupe est donnée par la formule :

$$g_1 g_2 = (h_1 \varphi(k_1)(h_2), k_1 k_2), \quad g_i = (h_i, k_i), \quad h_i \in H, \; k_i \in K, \; i = 1, 2.$$

Nous laissons au lecteur le soin de vérifier les axiomes des groupes. Le groupe H s'identifie au sous-groupe distingué $H \times \{1\}$ de G et le groupe K au sous-groupe $\{1\} \times K$ de G. Notons encore que le groupe quotient G/H est isomorphe au groupe K. Attention, le sous-groupe K n'est pas, en général, un sous-groupe distingué de G et il ne permet donc pas de passer au quotient.

Comme dans le cas du produit direct il est important de pouvoir reconnaître facilement quand un groupe est un produit semi-direct.

Proposition 1.5 — *Un groupe G est le produit semi-direct de deux de ses sous-groupes H et K si l'un des deux est distingué dans G, si $H \cap K = \{1\}$ et si $HK = G$.*

La dernière condition signifie que H et K engendrent G.

Un bel exemple est donné par le groupe des déplacements du plan affine euclidien qui est le produit semi-direct du sous-groupe des translations du plan (sous-groupe distingué) et du sous-groupe des rotations autour d'un point (pris comme origine de l'espace affine). Rappelons aussi qu'une fois choisie une base orthonormale de l'espace euclidien sous-jacent et identifié le plan affine avec le plan de cote 1 de l'espace $\mathbb{R}^3$, où l'origine choisie pour l'espace affine coïncide avec le point de coordonnées $(0, 0, 1)$, un déplacement dans ce plan est réalisé par la matrice

$$\begin{pmatrix} \cos \theta & -\sin \theta & a \\ \sin \theta & \cos \theta & b \\ 0 & 0 & 1 \end{pmatrix}.$$

La rotation d'axe vertical et d'angle θ et la translation horizontale de vecteur $\begin{pmatrix} a \\ b \end{pmatrix}$ apparaissent très bien dans cette écriture (nous dirons plus loin, dans le nouveau langage que nous introduirons, que cette réalisation matricielle est une représentation linéaire, fidèle et de degré 3 du groupe des déplacements du plan affine euclidien).

1.3.3 Une formule utile

Soient H et K deux sous-groupes d'un groupe G. On note HK la partie de G formée des éléments qui sont des produits de la forme hk, $h \in H$, $k \in K$. Si H et K sont finis on a la formule :

$$|HK| = \frac{|H||K|}{|H \cap K|}.$$

Pour le voir il suffit de considérer l'application

$$\pi : H \times K \to HK, \ (h,k) \mapsto hk$$

et d'observer que, pour un élément hk de l'image, la fibre $\pi^{-1}(hk)$ est paramétrée par $H \cap K$. Plus précisément si $h'k' = hk$ alors $h^{-1}h' = kk'^{-1} = l \in H \cap K$. On en déduit $h' = hl$ et $k' = l^{-1}k$. D'où le résultat.

Il faut aussi noter que HK n'est, en général, pas un sous-groupe de G. Ceci est dû à un manque de stabilité de HK pour la multiplication dans G. Mais cette stabilité apparaît lorsqu'on suppose que H (ou K) est un sous-groupe distingué de G (car si $H \triangleleft G$ alors $kh = (khk^{-1})k$ avec $h \in H$ et $k \in K$). Si de plus $H \cap K = \{1\}$ alors le sous-groupe HK de G est un produit semi-direct de H et de K. En résumé :

Proposition 1.6 — *Soient H et K deux sous-groupes d'un groupe G.*

a. Si H et K sont finis on a

$$|HK| = \frac{|H||K|}{|H \cap K|}.$$

b. Si $H \triangleleft G$ (ou $K \triangleleft G$) alors HK est un sous-groupe de G.

c. Si $H \triangleleft G$ et $H \cap K = \{1\}$ alors HK est le produit semi-direct des sous-groupes H et K ; l'opération $\varphi : K \to \mathrm{Aut}(H)$ est donnée par la conjugaison :

$$\varphi(k)(h) = khk^{-1}, \ h \in H, \ k \in K.$$

1.4 Groupe défini par générateurs et relations

La notion de sous-groupe du groupe G engendré par une partie S de G s'impose assez naturellement. Il s'agit de l'intersection de tous les sous-groupes de G

contenant la partie S; c'est, dans un sens évident, le plus petit sous-groupe de G contenant la partie S. De la même façon on définit le sous-groupe distingué de G engendré par la partie S comme l'intersection de tous les sous-groupes distingués de G contenant S. Dans ce cas aussi ce sous-groupe distingué apparaît comme un objet minimal dans la famille des sous-groupes distingués de G. Enfin il est clair que le sous-groupe engendré par une partie est inclus dans le sous-groupe distingué engendré par cette même partie.

Le procédé qui suit s'inspire de ces notions et permet de fabriquer des groupes qui présentent bien des intérêts. On définit d'abord le groupe libre à n générateurs $\mathcal{L}(a_1,\ldots,an)$, appelé aussi le groupe des mots, construit sur un alphabet à n lettres $\{a_1,\ldots a_n\}$. Les éléments du groupe sont les suites finis (mots) d'éléments de la forme a_i, a_j^{-1}, $i, j = 1,\ldots n$. La loi de composition des mots est la concaténation (mise bout à bout de deux mots). Cette loi, associative, n'est pas commutative; on convient de noter 1 le mot vide, qui représente l'élément neutre du groupe, d'introduire la notation simplificatrice (avec exposants)

$$a^n = \underbrace{aa\cdots a}_{n \text{ fois}}$$

et de remplacer les couples aa^{-1} et $a^{-1}a$ par 1 tant que faire ce peut. D'où la loi de groupe. Dans le cas d'un générateur on reconnaît en $\mathcal{L}(a)$ un groupe isomorphe à $\mathbb{Z}$.

Le premier intérêt d'un groupe libre à n générateurs est qu'il est facile de l'envoyer par un homomorphisme dans un groupe G quelconque. Il suffit de choisir dans G les images des générateurs du groupe libre; il y a alors un et un seul homomorphisme possible du groupe libre tout entier dans le groupe G, compatible avec ces choix.

Voyons maintenant la définition d'un groupe défini par générateurs et relations. Soit $\mathcal{A}$ un alphabet, $\mathcal{R}$ une partie du groupe libre $\mathcal{L}(\mathcal{A})$ et $\mathcal{H}$ le sous-groupe distingué engendré par la partie $\mathcal{R}$. Les éléments de $\mathcal{R}$ sont aussi appelés les relations. Le groupe quotient $\mathcal{L}(\mathcal{A})/\mathcal{H}$ est appelé le groupe défini par les générateurs $\mathcal{A}$ et les relations $\mathcal{R}$. On le notera aussi parfois de façon plus suggestive $\mathcal{L}(\mathcal{A})/\mathcal{R}$. Lorsque $\mathcal{A} = \{a\}$ = et $\mathcal{R} = \{a^n\}$ on reconnaît, dans le quotient $\mathcal{L}(\mathcal{A})/\mathcal{R}$, un groupe isomorphe au groupe cyclique $\mathbb{Z}/n\mathbb{Z}$. Ici aussi c'est avec les morphismes qu'apparaît le premier intérêt de ces groupes. En effet pour définir un homomorphisme du groupe $\mathcal{L}(\mathcal{A})/\mathcal{R}$ dans un groupe G il suffit de se donner les images des générateurs, donc de fabriquer un morphisme de $\mathcal{L}(\mathcal{A})$ dans G, puis de s'assurer ensuite que les mots de $\mathcal{R}$ ont tous pour image l'élément neutre de G, afin de permettre le passage au quotient du morphisme du groupe libre dans le groupe G.

Un exemple classique est donné par le groupe diédral que nous rencontrerons plus loin. Introduisons-le ici comme le produit semi-direct du groupe cyclique $H = <r>$ d'ordre n, engendré par l'élément r d'ordre n ($r^n = 1$), et du groupe cyclique $K = <s>$ d'ordre 2, engendré par l'élément s d'ordre 2 ($s^2 = 1$). L'opéra-

tion de K sur H est donnée par la formule $srs^{-1} = r^{-1}$ ou, ce qui est équivalent, par $(sr)^2 = 1$. Le groupe libre à deux générateurs $\mathcal{L}(R,S)$ s'envoie surjectivement sur le groupe diédral $\mathfrak{D}_n$ par $R \mapsto r$, $S \mapsto s$. Introduisons les relations $\mathcal{R} = \{R^n,\ S^2,\ (SR)^2\}$. Il est clair que le morphisme que nous venons de définir se factorise à travers le quotient $\mathcal{L}(R,S)/\mathcal{R}$. Cet homomorphisme, surjectif, est un isomorphisme
$$\mathcal{L}(R,S)/\mathcal{R} \simeq \mathfrak{D}_n$$
comme on peut l'observer en constatant que les deux groupes ont le même nombre d'éléments, à savoir $2n$. En fait la surjectivité implique que le quotient $\mathcal{L}/\mathcal{R}$ a au moins $2n$ éléments. Enfin tout élément du groupe quotient peut être représenté, modulo $\mathcal{R}$, par un élément du groupe libre de la forme $R^\alpha S^\beta$, avec $0 \leq \alpha < n$ et $0 \leq \beta < 2$; le quotient a donc au plus $2n$ éléments.

Il est toujours intéressant de connaître pour un groupe donné un système de générateurs et relations qui caractérise la classe d'isomorphie du groupe. Un même groupe peut d'ailleurs posséder différents systèmes de générateurs et relations. Nous en verrons des exemples en exercices. Néanmoins il est souvent difficile d'obtenir un tel système aussi on se contente alors d'un système de générateurs. Mais il faut bien réaliser que dans ce dernier cas un homomorphisme ne se définit pas uniquement par la donnée des images des générateurs, le prolongement en un morphisme n'étant pas toujours possible. On trouvera dans le livre de COXETER et MOSER [4] des listes de générateurs et relations pour les groupes dont l'ordre est petit ainsi que pour certaines familles de groupes. Enfin, avec le logiciel MAPLE par exemple, il est même possible d'obtenir l'ordre d'un groupe défini à partir d'un système de générateurs et de relations.

1.5 Centre et groupe dérivé : deux sous-groupes utiles

Les spécialistes de la théorie des groupes ont dégagé de très nombreux types de sous-groupes dans un groupe G ; en particulier dans le cas non abélien. En voici deux, d'usage courant en théorie des représentations.

Définition 1.7 — *On appelle centre du groupe G le sous-ensemble des éléments de G qui commutent avec tous les éléments de G :*

$$\mathrm{Cent}(G) = \{g \in G,\ gh = hg, h \in G\}.$$

On vérifie que le centre d'un groupe est un sous-groupe distingué. Le centre de G est même invariant par tous les automorphismes du groupe G.
On peut aller encore plus loin et observer l'injection du groupe quotient $G/\mathrm{Cent}(G)$ dans le groupe des automorphismes de G via le sous-groupe des automorphismes intérieurs. A cet effet on vérifie d'abord que l'application qui, pour $h \in G$ fixé,

est définie par $g \mapsto hgh^{-1}$ est un automorphisme de G. On le note $\text{Int}(h)$ et on l'appelle l'automorphisme intérieur de G associé à l'élément $h \in G$. Un calcul direct montre ensuite que l'ensemble $\text{Int}(G)$ des automorphismes intérieurs de G est un sous-groupe distingué du groupe $\text{Aut}(G)$ des automorphismes du groupe G. Enfin l'application $\text{Int} : G \to \text{Aut}(G)$, $h \mapsto \text{Int}(h)$, est un morphisme de groupes dont le noyau est le centre de G. D'où le petit schéma suivant, cas particulier du premier théorème d'isomorphisme :

$$\text{Cent}(G) \hookrightarrow G \to \text{Int}(G) \hookrightarrow \text{Aut}(G).$$

Définissons maintenant le groupe dérivé d'un groupe G.

Définition 1.8 — *On appelle commutant ou groupe dérivé du groupe G le sous-groupe de G engendré par les éléments de la forme $ghg^{-1}h^{-1}$, $g, h \in G$.*

Un élément de G de la forme $ghg^{-1}h^{-1}$ est souvent appelé le commutant des éléments g et h. Le groupe dérivé de G est noté G' ou $[G,G]$. Le lecteur vérifiera que G' est un sous-groupe distingué de G, stable par tous les automorphismes de G. Il prendra garde au fait que le produit de deux commutants n'est pas nécessairement un commutant. On a la proposition suivante qui permet, bien souvent, d'identifier le commutant d'un groupe :

Proposition 1.9 — *Soit H un sous-groupe distingué d'un groupe G.*
  a. Si le groupe quotient G/H est abélien alors $G' \subset H$.
  b. Le groupe quotient G/G' est abélien.

Les vérifications sont laissées au lecteur. Observons encore que si $\phi : G \to \mathbb{C}^*$ est un morphisme de groupes (nous dénommerons aussi ce type d'application par caractère, voire caractère de degré 1, de G) il se factorise à travers le quotient G/G'. Cela tient au fait que le sous-groupe image est abélien. D'où une bijection entre les caractères de degré 1 de G (morphismes de G dans $\mathbb{C}^*$) et ceux de G/G'.

N.B. Il faut bien voir le groupe dérivé G' comme le plus petit sous-groupe distingué de G pour lequel le groupe quotient G/G' est abélien. On peut aussi penser que G' est une mesure du défaut de commutativité du groupe G.

1.6 Exemples de groupes

Voici quelques exemples classiques de groupes finis. Ils sont fournis par le groupe linéaire $GL(V)$ d'un espace vectoriel V lorsque celui-ci est de dimension finie n sur un corps fini à $q = p^m$ éléments où p est la caractéristique du corps.

Ainsi le groupe $GL_n(\mathbb{F}_q)$ des matrices carrées $n \times n$, inversibles, est un groupe fini d'ordre :

$$|GL_n(\mathbb{F}_q)| = (q^n - 1)(q^n - q) \cdots (q^n - q^{n-1}).$$

On peut le voir en dénombrant les bases de l'espace vectoriel $\mathbb{F}_q^n$ sur le corps $\mathbb{F}_q$ puisque les colonnes d'une matrice $n \times n$, inversible, sont linéairement indépendantes et constituent une base de l'espace vectoriel. Pour compter les bases on procède de la façon suivante. On choisit un premier vecteur, non nul, de l'espace. Il y a $q^n - 1$ choix possibles. Puis on choisit un second vecteur indépendant du premier, c'est-à-dire en dehors de la droite engendrée par le premier vecteur. Il y a $q^n - q$ possibilités. Le vecteur suivant est à prendre en dehors du plan engendré par les deux premiers vecteurs. D'où $q^n - q^2$ choix possibles pour ce troisième vecteur. Et ainsi de suite. D'où le résultat que l'on peut aussi écrire sous la forme :

$$|GL_n(\mathbb{F}_q)| = q^{\frac{n(n-1)}{2}}(q^n - 1)(q^{n-1} - 1) \cdots (q - 1).$$

On met ainsi en évidence, dans le premier facteur, la multiplicité du nombre premier p dans la décomposition en facteurs premiers de l'ordre du groupe $GL_n(\mathbb{F}_q)$. Celle-ci est donc : $mn(n-1)/2$.

Le sous-groupe spécial linéaire $SL_n(\mathbb{F}_q)$, formé des éléments de $GL_n(\mathbb{F}_q)$ de déterminant 1, a pour ordre :

$$|SL_n(\mathbb{F}_q)| = q^{\frac{n(n-1)}{2}}(q^n - 1)(q^{n-1} - 1) \cdots (q^2 - 1).$$

C'est une conséquence immédiate de la surjectivité du morphisme

$$\det : GL_n(\mathbb{F}_q) \to \mathbb{F}_q^*,$$

de noyau $SL_n(\mathbb{F}_q)$. On notera que la multiplicité de p est la même dans $|SL_n(\mathbb{F}_q)|$ que dans $|GL_n(\mathbb{F}_q)|$. Le groupe $T_n(\mathbb{F}_q)$ des matrices triangulaires supérieures inversibles est un sous-groupe du groupe linéaire $GL_n(\mathbb{F}_q)$. Son ordre est

$$|T_n(\mathbb{F}_q)| = (q-1)^n q^{\frac{n(n-1)}{2}}.$$

Ce dernier groupe contient lui-même un sous-groupe remarquable formé des matrices triangulaires supérieures, inversibles et dont tous les éléments diagonaux sont égaux à 1. Ce dernier sous-groupe est d'ordre $q^{n(n-1)/2}$. Plus tard nous dirons que ce sous-groupe est un sous-groupe de p-SYLOW des trois groupes $GL_n(\mathbb{F}_q)$, $SL_n(\mathbb{F}_q)$ et $T_n(\mathbb{F}_q)$.

Observons encore, ici, un bel exemple de produit semi-direct. Le groupe spécial linéaire, vu comme le noyau du morphisme déterminant est un sous-groupe distingué du groupe linéaire. Le groupe quotient $GL_n(\mathbb{F}_q)/SL_n(\mathbb{F}_q)$ est isomorphe au groupe multiplicatif $\mathbb{F}_q^*$. Précisons cette dernière propriété. On note $K_1 \subset GL_n(\mathbb{F}_q)$ le sous-groupe formé des matrices de la forme :

$$\begin{pmatrix} \lambda & 0 & \ldots & 0 \\ 0 & 1 & \ldots & 0 \\ & & \ldots & \\ 0 & 0 & \ldots & 1 \end{pmatrix}, \lambda \in \mathbb{F}_q^*.$$

Il est immédiat que $SL_n(\mathbb{F}_q) \cap K_1 = \{1\}$ et que $SL_n(\mathbb{F}_q)K_1 = GL_n(\mathbb{F}_q)$. Cette dernière égalité se vérifie dans notre cas sur l'ordre du produit ; mais cette propriété n'est pas propre au cas fini comme on peut s'en assurer sans difficulté. On résume la situation par le petit schéma suivant :

$$SL_n(\mathbb{F}_q) \hookrightarrow GL_n(\mathbb{F}_q) \xrightarrow{\det} \mathbb{F}_q^* \simeq K_1.$$

Bien sûr le sous-groupe K_1 n'est pas le seul candidat possible ; il en apparaît immédiatement $(n-1)$ autres en déplaçant le scalaire λ le long de la diagonale principale. Mais voici encore une petite question naïve : pourquoi ne pas choisir le sous-groupe multiplicatif des matrices d'homothétie comme candidat de remplacement au sous-groupe K_1 ? Existe-t-il des cas où ceci est possible ? On trouvera un élément de réponse dans l'annexe A, à la fin de l'exercice 11.

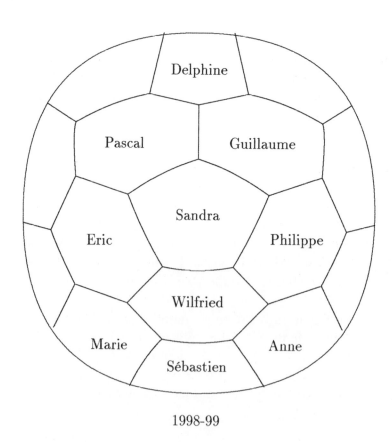

1998-99

Chapitre 2
La structure des groupes abéliens de type fini

Dans ce chapitre nous allons élargir le cadre des groupes finis à celui des groupes abéliens de type fini. En voici deux raisons. La première est de nature pédagogique. La famille des groupes abéliens de type finis est l'exemple le plus simple de la généralisation de la notion d'espace vectoriel à celle de module. La seconde est plus profonde. Le groupe et même l'anneau $\mathbb{Z}$, ainsi que plus généralement le produit $\mathbb{Z}^r$, jouent un rôle fondamental dans tous les domaines des mathématiques. Nous verrons une application au chapitre 6.

2.1 Les groupes monogènes

Rappelons que le sous-groupe engendré par une partie S d'un groupe G est l'intersection des sous-groupes de G contenant S. De plus tout élément de ce sous-groupe peut s'écrire comme un produit fini d'éléments pris dans S et dans $S^{-1} = \{s^{-1},\ s \in S\}$. On note $<S>$ ce sous-groupe. Un groupe G est dit monogène s'il peut être engendré par l'un de ses éléments. Les deux modèles fondamentaux de groupes monogènes sont le groupe additif $\mathbb{Z}$ et le sous-groupe multiplicatif de $\mathbb{C}^*$ formé des n racines $n^{\text{ièmes}}$ de l'unité. Ce dernier est souvent identifié au groupe quotient $\mathbb{Z}/n\mathbb{Z}$ via l'homomorphisme $\mathbb{Z} \to \mathbb{C}^*$, $k \mapsto \exp(2ik\pi/n)$ et il est appelé groupe cyclique. Voici deux propriétés de $\mathbb{Z}$ d'usage courant.

Proposition 2.1 — *Les sous-groupes de $\mathbb{Z}$ sont de la forme $n\mathbb{Z}$, $n = 0, 1, \ldots$; de plus si m et n sont deux entiers positifs alors l'inclusion des sous-groupes $n\mathbb{Z} \subset m\mathbb{Z}$ équivaut à m divise n.*

Ainsi on a, par exemple, le sous-groupe $\{0\}$ lorsque $n = 0$, le groupe $\mathbb{Z}$ lorsque $n = 1$ et l'ensemble des nombres pairs lorsque $n = 2$. Il est remarquable que, hormis le cas $\{0\}$, tous les sous-groupes de $\mathbb{Z}$ soient isomorphes à $\mathbb{Z}$.

De même, rappelons quelques propriétés importantes du groupe cyclique $\mathbb{Z}/n\mathbb{Z}$.

Proposition 2.2 — *La projection* $\pi : \mathbb{Z} \to \mathbb{Z}/n\mathbb{Z}$ *établit une bijection entre les sous-groupes de* $\mathbb{Z}$ *contenant* $n\mathbb{Z}$ *et ceux de* $\mathbb{Z}/n\mathbb{Z}$.

Démonstration. Il suffit de considérer l'image par π d'un sous-groupe de $\mathbb{Z}$ ainsi que l'image réciproque d'un sous-groupe de $\mathbb{Z}/n\mathbb{Z}$. □

On déduit de ces deux propositions que les sous-groupes de $\mathbb{Z}/n\mathbb{Z}$ sont en bijection avec les diviseurs de n. En particulier si m divise n l'unique sous-groupe d'ordre m de $\mathbb{Z}/n\mathbb{Z}$ est engendré par n/m. On observe aussi que, si p est un nombre premier, les sous-groupes de $\mathbb{Z}/p^r\mathbb{Z}$ sont emboîtés. On en déduit que les éléments générateurs de ce groupe cyclique sont dans le complémentaire du seul sous-groupe d'ordre p^{r-1}. Il y en a donc $p^r - p^{r-1} = p^r(1 - \frac{1}{p})$.

Le résultat suivant est une des clés de la théorie des groupes abéliens finis.

Proposition 2.3 — *Le groupe, produit de deux groupes cycliques d'ordre* m *et* n *respectivement, est un groupe cyclique si, et seulement si,* $(m,n) = 1$.

C'est une conséquence immédiate du fait que, dans un produit direct de groupes finis (que ces groupes soient abéliens ou non), l'ordre d'un élément (c'est-à-dire l'ordre du sous-groupe qu'il engendre) est le P.P.C.M. des ordres des différents composants de l'élément.

La proposition précédente conduit à la détermination du nombre des générateurs d'un groupe cyclique d'ordre n. À cet effet on décompose l'entier n en produit de facteurs premiers : $n = p_1^{\alpha_1} p_2^{\alpha_2} \cdots p_r^{\alpha_r}$. Le résultat sur le produit de deux groupes cycliques conduit à l'existence d'un isomorphisme

$$\mathbb{Z}/n\mathbb{Z} \simeq (\mathbb{Z}/p_1^{\alpha_1}\mathbb{Z}) \times (\mathbb{Z}/p_2^{\alpha_2}\mathbb{Z}) \times \cdots \times (\mathbb{Z}/p_r^{\alpha_r}\mathbb{Z}).$$

Maintenant, comme un générateur du produit est composé d'une suite de générateurs de chaque composant, on en déduit :

Proposition 2.4 — *Le nombre de générateurs du groupe cyclique* $\mathbb{Z}/n\mathbb{Z}$ *est* :

$$\varphi(n) = p_1^{\alpha_1}\left(1 - \frac{1}{p_1}\right) p_2^{\alpha_2}\left(1 - \frac{1}{p_2}\right) \cdots p_r^{\alpha_r}\left(1 - \frac{1}{p_r}\right) = n \prod_{i=1}^{r}\left(1 - \frac{1}{p_i}\right).$$

La fonction φ est appelée la fonction d'EULER. Elle satisfait, lorsque m et n sont premiers entre eux, la propriété arithmétique suivante :

$$\varphi(mn) = \varphi(m)\varphi(n), \ (m,n) = 1.$$

On retrouvera en annexe A, exercice 6, l'expression de la formule d'EULER à partir de la formule du crible d'ERATOSTHÈNE.

Terminons ce passage sur les groupes cycliques par un lien avec le groupe des racines $n^{\text{ièmes}}$ de l'unité. À cet effet regroupons les n racines du polynôme $X^n - 1 \in \mathbb{C}[X]$ en fonction de leur ordre. Soit d est un diviseur de n ; notons $\Phi_d \in \mathbb{C}[X]$ le polynôme normalisé de degré $\varphi(d)$ dont les racines sont les racines d'ordre d de $X^n - 1$. Voici les premiers polynômes :

$$\Phi_1 = X - 1, \quad \Phi_2 = X + 1, \quad \Phi_3 = X^2 + X + 1, \quad \Phi_4 = X^2 + 1, \quad \text{etc}\dots$$

On a la formule[1], évidente, mais très utile, où d parcourt l'ensemble des diviseurs de n, y compris 1 et n :
$$X^n - 1 = \prod_{d|n} \Phi_d.$$

Le polynôme Φ_n, appelé le $n^{\text{ième}}$ polynôme cyclotomique, est à coefficients entiers. On le voit en raisonnant par récurrence sur l'entier n et en effectuant la division euclidienne de $X^n - 1$ par $\prod_{d|n, d \neq n} \Phi_d$. On obtient ainsi l'expression de Φ_n. Les polynômes cyclotomiques ont de belles propriétés algébriques : ils sont irréductibles sur le corps des nombres rationnels. Ce sont aussi les polynômes minimaux sur $\mathbb{Q}$ des racines de l'unité. Nous en verrons plus loin une application élégante dans une démonstration du théorème de WEDDERBURN sur la commutativité des corps finis.

2.2 La structure des groupes abéliens finis

La situation des groupes abéliens finis est résumée dans l'énoncé suivant :

Théorème 2.5 — *Soit G un groupe abélien fini d'ordre $n \geq 2$. Il existe une suite finie et décroissante d'entiers $(d_1, d_2, \ldots, d_r)$ telle que*

1. $d_2|d_1, d_3|d_2, \ldots, d_r|d_{r-1}, d_r \geq 2$,
2. $G \simeq (\mathbb{Z}/d_1\mathbb{Z}) \times (\mathbb{Z}/d_2\mathbb{Z}) \times \cdots \times (\mathbb{Z}/d_r\mathbb{Z})$,
3. *La suite $(d_1, d_2, \ldots, d_r)$ est caractéristique de la classe d'isomorphie du groupe G.*

Commentaires. On rappelle que la notation $m|n$ signifie que l'entier m est un diviseur de l'entier n. La suite $(d_1, d_2, \ldots, d_r)$ du théorème porte le nom de suite des facteurs invariants du groupe abélien G. Si l'énoncé est vrai, on a bien sûr

$$d_1 d_2 \cdots d_r = n \text{ et } d_1 = \text{P.P.C.M.}\{o(x),\ x \in G\} = \sup\{o(x),\ x \in G\}.$$

Démonstration. Elle n'est pas banale. Établissons d'abord quelques résultats

Lemme 2.6 — *Soit $x_1 \in G$ un élément d'ordre maximal du groupe abélien fini G. Alors, pour tout $y \in G$, l'ordre de y est un diviseur de l'ordre de x_1.*

Démonstration du lemme. En effet, si deux éléments y_1 et y_2 d'un groupe abélien ont des ordres premiers entre eux, les sous-groupes $<y_1>$ et $<y_2>$ qu'ils engendrent, sont en somme directe (car $<y_1> \cap <y_2> = \{0\}$). De plus le sous-groupe $<y_1> \oplus <y_2>$ est monogène et engendré par $y_1 + y_2$; il a pour ordre le produit $o(y_1)o(y_2)$. Il s'en suit que tout diviseur premier p de l'ordre d'un élément

---
[1]C'est la forme multiplicative de la formule des degrés :
$$n = \sum_{d|n} \varphi(d).$$

quelconque $y \in G$ divise l'ordre de x_1. [Sinon l'élément $x_1 + (\mathrm{o}(y)/p)y$ est d'ordre $p \cdot \mathrm{o}(x_1) > \mathrm{o}(x_1)$.] D'autre part si $\mathrm{o}(x_1) = p^\alpha q$ (avec p premier et $(p,q) = 1$) et si pour un élément quelconque $y \in G$ on a $\mathrm{o}(y) = p^\beta q'$ (avec $(p,q') = 1$) alors $\beta \leq \alpha$. [Sinon l'élément $p^\beta x_1 + q'y$ est d'ordre $p^\beta q > p^\alpha q = \mathrm{o}(x)$.] □
En d'autres termes l'ordre de x_1 est le P.P.C.M. des ordres des différents éléments de G.
Nous allons maintenant montrer l'existence d'une décomposition de G en somme directe de sous-groupes cycliques d'ordres respectifs $d_1, d_2, \ldots, d_r$, comme indiqué dans le premier paragraphe du théorème. Soient x_1 comme dans le lemme, d_1 son ordre et $H_1 = <x_1>$. Notons $\overline{G}$ le groupe quotient du groupe G par le sous-groupe H_1. Ce groupe quotient est abélien d'ordre $n/d_1 < n$.

Lemme 2.7 — *Pour tout élément $\overline{y} \in \overline{G}$ il existe un antécédent $y \in G$ de même ordre, c'est-à-dire tel que $\mathrm{o}(y) = \mathrm{o}(\overline{y})$.*

Il faut bien observer que cette situation est exceptionnelle ; ainsi dans le quotient du groupe cyclique $\mathbb{Z}/4\mathbb{Z}$ par son sous-groupe d'ordre 2 l'unique élément d'ordre 2 du quotient a ses deux antécédents d'ordre 4.
Démonstration du lemme. Soit $\tilde{y}$ un relevé quelconque de $\overline{y}$. Notons d l'ordre de $\overline{y}$ et δ celui de $\tilde{y}$. On a bien sûr $d|\delta$, puisque $\delta \tilde{y} = 0$ implique $\delta \overline{y} = 0$. Posons $\delta = dd'$. Comme $d\overline{y} = 0$, il s'ensuit que $d\tilde{y}$ est élément de H_1 ; c'est-à-dire $d\tilde{y} = kx_1$, $k \in \mathbb{Z}$. On en déduit que $dd'\tilde{y} = 0 = d'kx_1$. D'où il ressort que $d'k$ est un multiple de d_1 ; ce qui donne puisque δ est un diviseur de d_1 : $d'k = ld_1 = ldd'd''$. Finalement l'entier k est un multiple de d et on pose $k = dk'$. L'élément $y = \tilde{y} - k'x_1$ répond à la question car il est dans la classe de $\overline{y}$ et est annulé par d. □
Montrons maintenant l'existence d'éléments $x_1, x_2, \ldots x_r$, tels que :

$$G = \mathbb{Z}x_1 \oplus \mathbb{Z}x_2 \oplus \cdots \oplus \mathbb{Z}x_r, \ \mathrm{o}(x_i) = d_i, \ i = 1, \ldots, r, \ d_{i+1}|d_i, \ i = 1, \ldots, r-1.$$

Ce résultat est vrai pour $n = 2$ et $n = 3$ puisque tout groupe d'ordre premier p est isomorphe à $\mathbb{Z}/p\mathbb{Z}$. On raisonne par récurrence sur l'ordre n du groupe G et on admet que le résultat est vrai pour tout groupe abélien d'ordre au plus $n-1$. Soit x_1 un élément de G d'ordre maximal d_1. Le groupe quotient $G/<x_1>$ est d'ordre n/d_1 ; il satisfait donc l'hypothèse de récurrence. On peut écrire

$$\overline{G} = \mathbb{Z}\,\overline{x}_2 \oplus \mathbb{Z}\,\overline{x}_3 \oplus \cdots \oplus \mathbb{Z}\,\overline{x}_r, \quad \overline{x}_i \in \overline{G},$$

avec : $\mathrm{o}(\overline{x}_i) = d_i$, $i = 2, \ldots, r$, $d_{i+1}|d_i$, $i = 2, \ldots, r-1$, $d_r \geq 2$.
On relève chaque élément $\overline{x}_i$ en un élément x_i de G de même ordre que $\overline{x}_i$ pour $i = 2, \ldots, r$. Le sous-groupe $K = \mathbb{Z}x_2 + \mathbb{Z}x_3 + \cdots + \mathbb{Z}x_r$ de G est une somme directe $K = \mathbb{Z}x_2 \oplus \mathbb{Z}x_3 \oplus \cdots \oplus \mathbb{Z}x_r$ et est isomorphe au quotient $\overline{G}$. Il est aussi facteur direct dans G. On a en effet $G = H \oplus K$. De plus $d_2|d_1$. Les parties 1 et 2 du théorème sont ainsi prouvées.
Pour l'unicité de la suite $(d_1, d_2, \ldots, d_r)$ établissons d'abord un résultat d'arithmétique amusant.

Lemme 2.8 — *Soient $(d_1, d_2, \ldots, d_r)$ et $(\delta_1, \delta_2, \ldots, \delta_s)$ deux suites décroissantes d'entiers positifs tels que $d_{i+1}|d_i$, $i = 2, \ldots r$, $d_r \geq 2$ et $\delta_{i+1}|\delta_i$, $i = 2, \ldots s$, $\delta_s \geq 2$. Pour que ces deux suites soient égales il faut et il suffit que pour tout entier m strictement positif on ait :*

$$\prod_{i=1}^{r} \text{P.G.C.D.}(m, d_i) = \prod_{j=1}^{s} \text{P.G.C.D.}(m, \delta_j).$$

Démonstration du lemme. Seule la suffisance de la condition n'est pas claire. On choisit d'abord pour m le produit $m = d_1 d_2 \cdots d_r \delta_1 \delta_2 \cdots \delta_s$. Il vient :

$$n = d_1 d_2 \cdots d_r = \delta_1 \delta_2 \cdots \delta_s.$$

On choisit maintenant pour m le nombre d_1. On en déduit la double égalité :

$$\delta_1 \delta_2 \cdots \delta_s = d_1 d_2 \cdots d_r = \text{P.G.C.D.}(d_1, \delta_1) \cdot \text{P.G.C.D.}(d_1, \delta_2) \cdots \text{P.G.C.D.}(d_1, \delta_s).$$

On a donc les égalités $\delta_j = \text{P.G.C.D.}(d_1, \delta_j)$, $j = 1, 2, \ldots, s$. On en déduit en particulier : $\delta_1|d_1$. Un argument symétrique montre que $d_1|\delta_1$. Finalement $d_1 = \delta_1$. On termine la justification du lemme par récurrence sur n ou sur r. □

Pour prouver la partie 3 du théorème on se souvient que si x est un élément d'ordre d et m un entier positif alors l'élément mx est d'ordre $d/\text{P.G.C.D.}(m, d)$ (en effet si $d = ab$ alors $o(ax) = b$ et si $(c,d)=1$ alors $o(cx) = o(x) = d$). On en déduit que pour tout entier m le groupe abélien mG, image du groupe G par la multiplication par m, est d'ordre :

$$\prod_{i=1}^{r} \frac{d_i}{\text{P.G.C.D.}(m, d_i)} = \prod_{j=1}^{s} \frac{\delta_j}{\text{P.G.C.D.}(m, \delta_j)}.$$

Comme l'ordre du groupe G est $n = \prod_{i=1}^{r} d_i = \prod_{j=1}^{s} \delta_j$ on a bien :

$$\prod_{i=1}^{r} \text{P.G.C.D.}(m, d_i) = \prod_{j=1}^{s} \text{P.G.C.D.}(m, \delta_j). \quad □$$

2.3 Groupes abéliens libres de rang fini r

Le prototype d'un groupe abélien libre de rang fini r est $\mathbb{Z}^r$ où r est un entier positif. Cet entier r se révèle être un invariant fondamental appelé le rang.

Proposition 2.9 — *Les groupes abéliens $\mathbb{Z}^r$ et $\mathbb{Z}^s$, $r, s \in \mathbb{N}$, sont isomorphes si, et seulement si, $r = s$.*

Démonstration. Il suffit de prouver que si les deux groupes sont isomorphes alors nécessairement $r = s$; la réciproque est immédiate. Par réduction modulo un nombre premier p on a les surjections

$$\mathbb{Z}^r \to (\mathbb{Z}/p\mathbb{Z})^r \simeq \mathbb{Z}^r/p\mathbb{Z}^r \text{ et } \mathbb{Z}^s \to (\mathbb{Z}/p\mathbb{Z})^s \simeq \mathbb{Z}^s/p\mathbb{Z}^s.$$

Les quotients sont isomorphes. Les entiers r et s s'interprètent comme les dimensions des espaces vectoriels $(\mathbb{Z}/p\mathbb{Z})^r$ et $(\mathbb{Z}/p\mathbb{Z})^s$ respectivement. D'où l'égalité $r = s$. On peut aussi, plus simplement, remarquer que les deux quotients sont deux ensembles finis de cardinaux respectifs p^r et p^s.

Définition 2.10 — *Un groupe abélien G est dit libre de rang r s'il est isomorphe au groupe $\mathbb{Z}^r$.*

Le groupe $\{0\}$ est dit libre de rang 0. Voyons quelques propriétés du rang.

On observe que $\mathbb{Z}^r$ admet une base évidente (base au sens des espaces vectoriels); tout élément $(\lambda_1, \ldots, \lambda_r)$ s'écrit d'une façon et d'une seule sous la forme $\lambda_1 e_1 + \cdots + \lambda_r e_r$ avec $\lambda_i \in \mathbb{Z}$ et $e_i = (0, \ldots, 1, \ldots, 0)$ (le 1 est à la $i^{\text{ème}}$ place) pour $1 \leq i \leq r$. On en déduit que si G est un groupe abélien libre de rang fini il admet une base dont le nombre des éléments égale son rang (c'est-à-dire qu'il existe r éléments, $x_1, x_2, \ldots, x_r$, dans G tels que tout élément $g \in G$ s'écrive sous la forme $g = \sum_{i=1}^{r} \lambda_1 x_i, \lambda_i \in \mathbb{Z}$, les scalaires λ_i, $i = 1, \ldots r$, étant uniques). De plus toute base de G a pour cardinal r.

Observons aussi que si G est libre de rang r il n'en est pas nécessairement de même de ses quotients; l'exemple des groupes cycliques le montre. En revanche, et c'est le premier point fondamental de la théorie :

Théorème 2.11 — *Tout sous-groupe, d'un groupe abélien libre de rang r, est libre de rang s, $0 \leq s \leq r$.*

Démonstration. Le résultat est vrai pour $r = 1$ comme nous l'avons déjà montré en utilisant la division euclidienne. On suppose le résultat vrai pour tout groupe abélien libre de rang $r - 1$. Soit H un sous-groupe non banal du groupe $\mathbb{Z}^r$. Notons π la projection sur le dernier facteur :

$$\pi \,:\, \mathbb{Z}^r \to \mathbb{Z},\ (x_1, x_2, \ldots, x_r) \mapsto x_r.$$

L'image de H par π est un sous-groupe de $\mathbb{Z}$ de la forme $\mathbb{Z}n_r$, $n_r \in \mathbb{Z}$. Notons $h_r \in H$ un antécédent de n_r ($\pi(h_r) = n_r$). Le noyau de π est $\mathbb{Z}^{r-1}$. Le sous-groupe $K = H \cap \ker(\pi)$ est donc libre de rang au plus égal à $r - 1$ (hypothèse de récurrence). De plus on a $H = K \oplus \mathbb{Z}h_r$. D'où le théorème. $\square$

Remarques. a. La démonstration précédente admet la généralisation suivante. Soit G un groupe abélien et $\pi \,:\, G \to \mathbb{Z}^r$ un homomorphisme surjectif de groupes. Alors le noyau de π est facteur direct dans G. Plus précisément on a :

$$G = \mathrm{Ker}(\pi) \oplus H,\ H \simeq \mathbb{Z}^r.$$

Pour le justifier on relève une base de l'image et on procède comme précédemment.
b. On observera que d'un système de générateurs d'un groupe abélien libre de rang fini on ne peut pas nécessairement extraire une base. Ainsi 2 et 3 engendrent $\mathbb{Z}$ (relation de BÉZOUT) alors que ce n'est le cas ni pour 2, ni pour 3.
c. Dans $\mathbb{Z}^r$ on a la notion de famille libre sur $\mathbb{Z}$ (comme dans un espace vectoriel); cette notion est d'autant plus claire que l'on a l'inclusion $\mathbb{Z}^r \subset \mathbb{Q}^r$, que $\mathbb{Q}^r$ est

un espace vectoriel sur $\mathbb{Q}$ de dimension r et que sur les $\mathbb{Q}$-espaces vectoriels les notions d'indépendance linéaire sur $\mathbb{Z}$ et sur $\mathbb{Q}$ sont équivalentes. On en déduit que toute famille d'au moins $r+1$ éléments de $\mathbb{Z}^r$ est liée.

2.4 Groupes abéliens de type fini

Comme le nom l'indique un groupe abélien de type fini G est engendré par un nombre fini de ses éléments ; il existe donc un sous-ensemble fini d'éléments de G, $\{x_1, x_2, \ldots, x_r\} \subset G$, tel que : $G = \mathbb{Z}x_1 + \mathbb{Z}x_2 + \cdots + \mathbb{Z}x_r$. Ainsi un groupe abélien fini ou un groupe abélien libre de rang fini sont des groupes abéliens de type fini. Ces deux exemples sont en fait les modèles de base comme nous allons le voir.
Les notions de familles libres et de familles liées s'étendent de façon naturelle aux groupes abéliens de type fini. On note qu'un élément est libre si, et seulement si, il est d'ordre infini. On observe qu'un groupe abélien de type fini est un quotient d'un groupe abélien libre de rang fini. Pour le voir il suffit de considérer l'homomorphisme surjectif suivant défini à partir d'un système $\{x_1, x_2, \ldots, x_r\}$ de générateurs du groupe G :

$$\pi \ : \ \mathbb{Z}^r \to G, \ (\lambda_1, \lambda_2, \ldots, \lambda_r) \mapsto \sum_{i=1}^r \lambda_i x_i.$$

Il s'en suit qu'une famille libre d'un groupe abélien engendré par r générateurs a au plus r éléments. On en déduit aussi une propriété importante de stabilité de la famille des groupes abéliens de type fini :

Proposition 2.12 — *Tout sous-groupe (resp. tout groupe quotient) d'un groupe abélien de type fini est un groupe abélien de type fini.*

Si pour les groupes quotients la proposition est évidente il faut, pour les sous-groupes, se souvenir que tout sous-groupe d'un groupe libre de rang fini est encore un groupe libre de rang fini. On utilise alors une surjection π d'un groupe libre de rang fini sur le groupe de type fini considéré. Il suffit maintenant de relever le sous-groupe H qui nous intéresse en $\pi^{-1}(H)$. Ce dernier est de type fini car libre de rang fini. On en déduit le corollaire suivant :

Corollaire 2.13 — *L'ensemble T des éléments d'ordre fini d'un groupe abélien de type fini est un sous-groupe abélien fini.*

Définition 2.14 — *L'ensemble des éléments d'ordre fini d'un groupe abélien G est appelé le sous-groupe de torsion de G.*

Dans un groupe abélien un élément d'ordre fini est souvent appelé un élément de torsion. On vérifie sans difficulté que, dans un groupe abélien, les éléments de torsion constituent un sous-groupe appelé le sous-groupe de torsion (attention ceci ne s'étend pas aux groupes non abéliens). Le groupe de torsion joue un rôle important dans la description d'un groupe abélien de type fini. Voici le théorème de structure que nous avons en vue :

Théorème 2.15 — *Soit G un groupe abélien de type fini et soit T son sous-groupe de torsion ; le sous-groupe T est facteur direct dans G d'un sous-groupe libre L de rang fini :*
$$G = T \oplus L.$$

Démonstration. On constate d'abord que le groupe quotient G/T est sans torsion. En effet soit $\overline{g} \in G/T$ un élément non nul. Montrons que son ordre n'est pas fini. Supposons que pour un entier $n > 0$ on ait $n\overline{g} = 0$. Soit g un antécédent de $\overline{g}$ dans G. L'élément ng est dans T ; c'est donc un élément d'ordre fini. On en déduit que g est d'ordre fini et donc est élément de T. D'où il vient que $\overline{g} = 0$.
On s'appuie maintenant sur le résultat suivant, second point essentiel et non banal de la théorie :

Lemme 2.16 — *Un groupe abélien de type fini et sans torsion est un groupe abélien libre de rang fini.*

Démonstration du lemme. Soit G un tel groupe ; supposons que $G \neq \{0\}$. Il existe dans G une famille libre comportant au moins un élément ; de plus si G admet une famille génératrice ayant r éléments, toute famille libre comporte, elle, au plus r éléments. Choisissons dans G une famille libre d'un nombre maximal d'éléments. Soient $\{e_1, e_2, \ldots, e_s\}$ cette famille libre et $\{g_1, g_2, \ldots, g_r\}$ une famille génératrice de G. Pour chaque g_i il existe un entier $n_i > 0$ tel que $n_i g_i$ soit un élément de H puisque la famille $\{g_i, e_1, \ldots, e_s\}$ est liée. Posons $n = \prod_{i=1}^{r} n_i$. On a $nG \subset H$. Le sous-groupe H est libre de rang s. Le sous-groupe nG est donc libre de rang fini. Or ce sous-groupe est isomorphe à G puisque l'homothétie de rapport n est injective. On en déduit que G est libre de rang fini. □

On termine la démonstration du théorème en choisissant une base $\overline{x}_i$, $i = 1, \ldots, r$, de G/T sur $\mathbb{Z}$. On a :
$$G/T = \bigoplus_{i=1}^{r} \mathbb{Z}\,\overline{x}_i \simeq \mathbb{Z}^r.$$

Le sous-groupe L de G engendré par des antécédents x_i des $\overline{x}_i$, $i = 1, \ldots r$, est libre de rang r. L'intersection $T \cap L$ est réduite à $\{0\}$. Enfin $G = T + L$. D'où le résultat : $G = T \oplus L$. □

On étend la définition du rang aux groupes abéliens de type fini en posant rang(G)=rang(G/T). Il faut noter que le rang d'un groupe abélien de type fini est nul si, et seulement si, ce groupe est fini. Enfin on trouvera en annexe A, exercice 9, une propriété du rang qui généralise celle de la dimension d'un espace vectoriel. En voici l'énoncé :

Proposition 2.17 — *Soient G un groupe de type fini et H un sous-groupe de G ; on a la formule :* rang(G)=rang(H)+rang(G/H).

Chapitre 3
Les théorèmes de Sylow ; le groupe symétrique

Les résultats de ce chapitre concernent les groupes finis non nécessairement abéliens. Ce sont les premiers résultats sérieux sur ce type de groupes. L'existence dans tout groupe fini G d'un sous-groupe d'ordre p^r, p premier, pour tout diviseur p^r, $r \in \mathbb{N}$, de l'ordre du groupe G est une réciproque partielle au théorème de LAGRANGE. Nous verrons plus loin que, parmi ces sous-groupes, ceux d'ordre maximal (et qui portent le nom de sous-groupes de p-SYLOW) jouent un rôle important dans la recherche et l'étude des représentations du groupe G. Nous profiterons aussi de ce chapitre pour rappeler les propriétés fondamentales du groupe symétrique $\mathfrak{S}_n$. Ce groupe est le premier exemple de groupe fini non commutatif et on ne peut s'en passer.

3.1 Opération de groupe

On dit qu'un groupe G opère sur un ensemble E dès lors que l'on dispose d'un morphisme de groupes $\rho : G \to Bij(E)$, du groupe G dans celui des bijections de l'ensemble E. Lorsque ρ est injectif on dit que l'opération est fidèle. Les exemples d'opérations sont nombreux en géométrie. Ainsi le groupe des rotations autour d'un point du plan euclidien, sous-groupe du groupe des bijections de $\mathbb{R}^2$, opère naturellement sur $\mathbb{R}^2$; il en est de même du groupe des translations du plan. Les démonstrations des théorèmes de SYLOW vont nous donner l'occasion de voir d'autres opérations de groupes et de constater l'efficacité de ce nouvel outil. L'orbite d'un point $x \in E$ sous l'action d'un groupe G est $\mathcal{O}_x = \{\rho(g)(x),\ g \in G\}$. Il s'agit donc des transformés de x par les différents éléments de G. On observe facilement que les orbites des différents points de E forment une partition de E (c.à.d. un recouvrement de E par des parties deux à deux disjointes ; l'appartenance de x et y à une même orbite est une relation d'équivalence sur E).
Le stabilisateur d'un point $x \in E$ sous l'action d'une opération du groupe G est

le sous-groupe de G formé des éléments $g \in G$ tels que $\rho(g)(x) = x$. L'application $G \to \mathcal{O}_x$, $g \mapsto \rho(g)(x)$ (ou $g \mapsto g\,x$ s'il n'y a pas d'ambiguïté) est une application surjective et deux éléments g_1 et g_2 de G ont la même image si, et seulement si, ils appartiennent à la même classe à gauche de G modulo le sous-groupe $\mathrm{Stab}(x)$. D'où une bijection, qui se révèlera très utile :

$$G/\mathrm{Stab}(x) \xrightarrow{\sim} \mathcal{O}_x,\ \overline{g} \mapsto \rho(g)(x),\ g \in \overline{g}.$$

On observe que, lorsque le groupe G est fini, il en est de même de ses différentes orbites ; de plus, dans ce cas, le cardinal d'une orbite est un diviseur de l'ordre du groupe. Attention il ne faut pas croire que $G/\mathrm{Stab}(x)$ est muni d'une structure de groupe quotient. En effet le sous-groupe $\mathrm{Stab}(x)$ n'est pas nécessairement distingué comme nous allons le voir maintenant. Supposons que x et y, éléments de E, soient sur la même orbite sous l'action de G ; posons $y = \rho(h)(x)$, $h \in G$. On a alors la relation de conjugaison :

$$\mathrm{Stab}(y) = h\,\mathrm{Stab}(x)\,h^{-1}.$$

De ces définitions et propriétés élémentaires sur les opérations de groupes il faut retenir cet échange d'informations entre le groupe (objet algébrique qui permet le calcul) et les orbites (êtres géométriques porteurs de l'intuition). Le groupe symétrique $\mathfrak{S}_n$ fournit un exemple simple, mais significatif, de cet échange. Il opère transitivement[1] sur l'ensemble $\{1, \ldots, n\}$; le stabilisateur du point n est $\mathfrak{S}_{n-1}$. D'où la relation de récurrence :

$$|\mathfrak{S}_n| = n\,|\mathfrak{S}_{n-1}|.$$

Elle conduit à l'ordre du groupe symétrique : $|\mathfrak{S}_n| = n!$.

Notons maintenant qu'un groupe G, qui opère sur un ensemble E, opère également sur le produit E^n. Il suffit de poser :

$$g\,(x_1, \ldots, x_n) = (g\,x_1, \ldots, g\,x_n),\ g \in G,\ x_1, \ldots, x_n \in E.$$

Il opère aussi sur l'ensemble $\mathfrak{P}(E)$ des parties de E, via la formule :

$$g\,(\{x_i,\ i \in I\}) = \{g\,x_i,\ i \in I\},\ x_i \in E,\ x_i \neq x_j \text{ si } i \neq j.$$

Reprenons le cas particulier du groupe symétrique $\mathfrak{S}_n$ et restreignons son opération à l'ensemble des parties à k éléments de $\{1, \ldots, n\}$. Le stabilisateur de $\{1, \ldots, k\}$ est isomorphe au groupe produit $\mathfrak{S}_k \times \mathfrak{S}_{n-k}$. Comme l'opération de $\mathfrak{S}_n$ sur $\{1, \ldots, n\}$ est k-transitive, il vient :

$$\binom{n}{k} = C_n^k = \frac{|\mathfrak{S}_n|}{|\mathfrak{S}_k|\,|\mathfrak{S}_{n-k}|}.$$

---

[1] Une opération de G sur E est dite transitive si deux points quelconques x et y de E peuvent être "joints" par un élément de G (c.à.d. qu'il existe $g \in G$ tel que $y = \rho(g)(x)$) ; elle est dite 2-transitive si deux paires $\{x_1, x_2\}$ et $\{y_1, y_2\}$ d'éléments distincts peuvent, de la même façon, être jointes par un élément de G, etc....

Cette fois c'est l'ordre du groupe qui conduit à une information sur l'orbite.

Une autre propriété importante des orbites de l'ensemble E sous l'action du groupe G est qu'elles forment une partition de E. D'où la relation de recouvrement de E :

$$E = \cup_{x \in X} \mathcal{O}_x$$

où X désigne un système de représentants des différentes orbites de E, c'est-à-dire un sous-ensemble de points de E prélevés en un exemplaire sur chacune des différentes orbites. On déduit de cette partition de E en orbites, lorsque E est un ensemble fini, l'équation des classes :

$$|E| = \sum_{x \in X} |\mathcal{O}_x|.$$

Le théorème de WEDDERBURN sur les corps finis

Voici une belle application de l'équation des classes et des polynômes cyclotomiques. Elle est tirée de [8, chapitre 7] ou mieux de [22, chapitre 1, théorème 1]. Sa justification est une amélioration remarquable de la démonstration originelle proposée par WEDDERBURN.

Théorème 3.1 — *Tout corps fini est commutatif.*

Soit K un corps fini de centre k. On note $n = [K : k]$ le degré de l'extension, c'est-à-dire la dimension de K considéré comme un espace vectoriel sur k. Si $|k| = q$ on a bien sûr $|K| = q^n$ (de plus l'entier q est une puissance de la caractéristique du corps K mais nous ne nous servirons pas de cette propriété). Nous allons montrer que $n = 1$. A cet effet faisons opérer le groupe multiplicatif K^* du corps K sur lui-même par conjugaison. Les éléments de k^* sont, par définition, les points fixes de l'opération. Soit x un élément de $K \setminus k$. Son stabilisateur est le sous-groupe multiplicatif d'un sous-corps de K contenant k^*. En effet les éléments de K, qui commutent à un élément donné de K, constituent un sous-corps de K contenant k. Aussi on a : $|\text{Stab}(x)| = q^{d_x} - 1$ où d_x est un diviseur de n. L'orbite de x a donc pour cardinal :

$$|\mathcal{O}_x| = \frac{q^n - 1}{q^{d_x} - 1}.$$

Si x_i, $i = 1, \ldots, t$, désigne un système de représentants des différentes orbites de K^* non réduites à un point on a :

$$K^* = k^* \bigcup_{1 \leq i \leq t} \mathcal{O}_{x_i}.$$

L'équation des classes donne :

$$q^n - 1 = q - 1 + \sum_{1 \leq i \leq t} \frac{q^n - 1}{q^{d_i} - 1}.$$

Mais le polynôme cyclotomique Φ_n est un diviseur du polynôme $X^n - 1$. Aussi l'entier $\Phi_n(q)$ divise chacun des entiers $(q^n - 1)/(q^{d_i} - 1)$, $1 \leq i \leq t$, ainsi que l'entier $q^n - 1$. On en déduit qu'il devrait diviser $q - 1$. Mais, si ζ_i, $1 \leq i \leq \varphi(n)$, désignent les racines primitives $n^{\text{ièmes}}$ de l'unité, on a le produit :

$$\Phi_n(q) = \prod_{1 \leq i \leq \varphi(n)} (q - \zeta_i).$$

Et si n est supérieur à 1 alors chacun des facteurs du produit a un module supérieur strictement à $q - 1$. La division est donc impossible. □

3.2 Les résultats de SYLOW

Théorème 3.2 — *Soit G un groupe d'ordre $|G| = p^\alpha q$, p premier, $(p, q) = 1$.*

a. Il existe dans G un sous-groupe d'ordre p^α. Un sous-groupe de G d'ordre p^α est appelé un sous-groupe de p-SYLOW.

b. Tout sous-groupe de G d'ordre p^β, $1 \leq \beta \leq \alpha$ est inclus dans un sous-groupe de p-SYLOW.

c. Le groupe G opère par conjugaison, transitivement, sur l'ensemble des sous-groupes de p-SYLOW.

d. Le nombre des sous-groupes de p-SYLOW de G est congru à 1 modulo p et divise q.

Démonstration. Elle va nous occuper assez longuement et mettre en œuvre toutes les finesses des opérations de groupes. Elle est due à WIELANDT et on peut en retrouver les principaux éléments dans [17, chapitre 9] ; voir aussi [11, chapitre 4, paragraphe 10].

Pour la partie (a) on fait opérer le groupe G par translations à gauche sur l'ensemble E des parties de G ayant p^α éléments. Le nombre des éléments de E est $\binom{p^\alpha q}{p^\alpha}$. Ce nombre n'est pas divisible par p. En effet, on a la congruence

$$\binom{p^\alpha q}{p^\alpha} = q, \text{ mod } p.$$

Elle découle de la suite des égalités successives :

$$(X + Y)^p = X^p + Y^p, \text{ mod } p,$$

$$(X + Y)^{p^\alpha} = X^{p^\alpha} + Y^{p^\alpha}, \text{ mod } p,$$

$$(X + Y)^{p^\alpha q} = (X^{p^\alpha} + Y^{p^\alpha})^q = X^{p^\alpha q} + q X^{p^\alpha(q-1)} Y^{p^\alpha} + \cdots + Y^{p^\alpha q}, \text{ mod } p,$$

et de l'identification des coefficients du monôme $X^{p^\alpha(q-1)} Y^{p^\alpha}$.

Il s'en suit qu'il existe un élément A de E, c'est-à-dire une partie de G, dont l'orbite $\mathcal{O}_A$ a un cardinal premier à p; donc de la forme $|\mathcal{O}_A| = q_1$, $q_1|q$ (car le cardinal d'une orbite divise l'ordre du groupe opérateur). On en déduit que le stabilisateur de A est un sous-groupe de G d'ordre $p^\alpha q_2$, $q_1 q_2 = q$. Notons H ce sous-groupe. On sait déjà que $|H| \geq p^\alpha$. Maintenant, dans un groupe, la translation est injective. Ainsi le stabilisateur d'une partie a moins d'éléments que la partie stabilisée. En effet si $h \in H$ et $a \in A$ on a $ha \in A$. Donc $Ha \subset A$ ou bien encore $H \subset Aa^{-1}$ (retenons cette remarque car nous nous en resservirons pour établir le dernier point du théorème). D'où la seconde inégalité : $|H| \leq p^\alpha$. Le sous-groupe H est donc un sous-groupe de p-SYLOW de G.

Pour le (b) (et le (c) comme nous allons le voir) on observe d'abord que si un groupe fini K d'ordre une puissance d'un nombre premier p (on dit parfois un p-groupe) opère sur un ensemble fini E alors l'ensemble E^K, des points de E invariants sous K, satisfait la congruence :

$$|E| = |E^K|, \mod p.$$

C'est une conséquence immédiate de l'équation des classes et du fait qu'une orbite, non réduite à un point, a pour cardinal une puissance positive de p.
Soient maintenant H un sous-groupe de p-SYLOW de G (que l'on sait exister) et K un sous-groupe d'ordre p^β de G. Faisons opérer le groupe K par translations à gauche sur l'ensemble E des classes à gauche de G modulo H. Le transformé par $k \in K$ de la classe gH est la classe kgH. Comme $|E| = q$ et que $(p,q) = 1$ il vient $|E^K| \neq 0$; il existe donc une classe à gauche, fixe sous l'action de K. Soit $g_0 H$ une telle classe invariante. On a $Kg_0 H = g_0 H$. En particulier $Kg_0 \subset g_0 H$; ou encore $K \subset g_0 H g_0^{-1}$. Le sous-groupe K est donc contenu dans un conjugué du p-SYLOW H. On a donc bien le résultat (b) et même le (c) si pour K on choisit un sous-groupe de p-SYLOW de G.
Pour le dernier point du théorème on fait à nouveau opérer G par translations à gauche sur l'ensemble E des parties de G ayant p^α éléments. On distingue alors deux types d'orbites dans E sous l'action de cette opération : celles dont le cardinal n'est pas divisible par p (disons $\mathcal{O}_{X_i}$, $i = 1, \ldots, s$) et celles dont le cardinal est divisible par p (disons $\mathcal{O}_{Y_j}$, $j = 1, \ldots, t$).
L'entier s est aussi le nombre des sous-groupes de p-SYLOW.
En effet sur chaque orbite du premier type il y a un sous-groupe de p-SYLOW et un seul. Pour le voir on observe déjà qu'un sous-groupe de p-SYLOW de G est un élément de l'ensemble E. Étant un sous-groupe, il est également son propre stabilisateur pour l'opération considérée sur E. Son orbite a donc q éléments. Sur cette orbite il n'y a, bien sûr, pas d'autres sous-groupes de p-SYLOW. En effet, soient H_i, $i = 1, 2$, deux sous-groupes de G; si $H_1 = gH_2$ alors $g \in H_1$. L'orbite d'un p-SYLOW est donc du premier type.
Inversement, choisissons une orbite du premier type $\mathcal{O}_{X_{i_0}}$. Le stabilisateur H de X_{i_0} est un sous-groupe de p-SYLOW puisqu'il a nécessairement au moins p^α éléments. Il ne peut en avoir plus comme nous l'avons noté au début de la démonstration. De plus, comme $HX_{i_0} = X_{i_0}$, on déduit, pour $x_{i_0} \in X_{i_0}$, que $Hx_{i_0} = X_{i_0}$.

Ainsi $x_{i_0}^{-1} H x_{i_0} = x_{i_0}^{-1} X_{i_0}$ est un conjugué de H sur l'orbite de X_{i_0}.
Sur les orbites du second type il ne peut y avoir de sous-groupe de p-Sylow. En effet un p-Sylow engendre une orbite du premier type.
Pour terminer on se souvient de la congruence :

$$|E| = \binom{p^\alpha q}{p^\alpha} = q, \text{ modulo } p.$$

On en déduit $sq = q$, modulo p et donc, comme q est inversible modulo p,

$$s = 1, \text{ modulo } p.$$

Le fait que G opère par conjugaison, transitivement, sur l'ensemble des sous-groupes de p-Sylow implique que s divise l'ordre du groupe G. Il divise donc aussi q puisqu'il est premier à p. □

3.3 Quelques éléments sur le groupe symétrique

Le groupe symétrique $\mathfrak{S}_n$ est celui des bijections d'un ensemble E à n éléments. Ce groupe n'est évidemment pas commutatif dès que $n > 2$. Son cardinal est $|\mathfrak{S}_n| = n!$. Par tradition on choisit souvent comme ensemble E l'ensemble $\{1, \ldots, n\}$. Un élément $\sigma \in \mathfrak{S}_n$, appelé aussi une permutation, est représenté par une matrice $2 \times n$ comme suit :

$$\sigma = \begin{pmatrix} 1 & 2 & \ldots & n \\ \sigma(1) & \sigma(2) & \ldots & \sigma(n) \end{pmatrix}.$$

La première ligne représente la source et la seconde les images des différents points. On simplifie souvent cette matrice en omettant d'écrire les colonnes correspondant aux points fixes (c'est-à-dire la colonne d'indice i lorsque $\sigma(i) = i$). Le support d'une permutation désigne l'ensemble des points non invariants de celle-ci. Ainsi le support de Id est $\emptyset$. Parmi les permutations on distingue les transpositions qui échangent deux points et laissent fixes les $(n-2)$ autres. Dans ce cas la notation est encore simplifiée sous la forme (i, j) au lieu de $\begin{pmatrix} i & j \\ j & i \end{pmatrix}$.
Les cycles de longueur k, $2 \leq k \leq n$, généralisent les transpositions, mais avec un support à k éléments. Ce sont des permutations σ du type :

$$\sigma = \begin{pmatrix} i_1 & i_2 & \ldots & i_{k-1} & i_k \\ i_2 & i_3 & \ldots & i_k & i_1 \end{pmatrix}.$$

Dans ce cas également une notation simplifiée est utilisée et on écrit :

$$\sigma = (i_1, i_2, \ldots, i_k).$$

Observer qu'il y a k écritures possibles pour un même cycle de longueur k. Noter également que deux cycles, dont les supports sont disjoints, commutent ; tout comme, d'ailleurs, deux permutations à supports disjoints.

Le groupe symétrique présente un certain intérêt pour l'étude des groupes finis en général puisque CAYLEY a observé le fait suivant :

Proposition 3.3 — *Tout groupe fini d'ordre n peut s'identifier à un sous-groupe du groupe symétrique $\mathfrak{S}_n$.*

Cette identification peut se faire en faisant opérer le groupe fini sur lui-même par translations à gauche.

Le groupe symétrique est très présent en géométrie. Ainsi on identifie $\mathfrak{S}_3$ au groupe des isométries qui conservent un triangle équilatéral dans le plan euclidien. De même $\mathfrak{S}_4$ est isomorphe au groupe des isométries de l'espace euclidien $\mathbb{R}^3$ qui stabilisent un tétraèdre régulier[2]. Ce même $\mathfrak{S}_4$ est aussi isomorphe au groupe des déplacements d'un cube de $\mathbb{R}^3$. Toutes ces identifications, qui ne posent pas problème, seront utilisées dès le prochain chapitre.

Des générateurs pour le groupe symétrique

Les transpositions et plus généralement les cycles engendrent, chacun à leur façon, le groupe symétrique.

Proposition 3.4 — *Toute permutation, distincte de l'identité, est le produit d'au plus $(n-1)$ transpositions.*

Démonstration. La proposition est claire pour $n = 2$. On la suppose vraie pour $n-1$. Soit $\sigma \in \mathfrak{S}_n$. Il y a deux possibilités.
a. Soit $\sigma(n) = n$; alors la restriction de σ à $\{1, \ldots, n-1\}$ est un élément de $\mathfrak{S}_{n-1}$; elle se décompose donc en un produit d'au plus $(n-2)$ transpositions ce qui règle la proposition dans ce cas.
b. Soit $\sigma(n) \neq n$; posons alors $\tau = (\sigma(n), n)$. La permutation $\tau\sigma$ laisse n fixe ; d'après le (a) elle se décompose en un produit d'au plus $(n-2)$ transpositions ; on en déduit une décomposition de la permutation σ en un produit d'au plus $(n-1)$ transpositions. □

Observer que, dans la démonstration, on a utilisé l'injection $\mathfrak{S}_{n-1} \hookrightarrow \mathfrak{S}_n$ induite par l'inclusion $\{1, \ldots, n-1\} \subset \{1, \ldots, n\}$. Cette utilisation est fréquente. Remarquer également le caractère algorithmique de la démonstration. À noter aussi que la décomposition d'une permutation en un produit de transpositions n'est pas unique. Nous verrons que le seul invariant d'une telle écriture est la parité de sa longueur. On notera enfin, puisque $(1,i)(1,j)(1,i) = (i,j)$, que les $(n-1)$ transpositions du type $(1,i)$ engendrent à elles seules le groupe symétrique. Mais, attention, la longueur de l'écriture s'en ressent ; toutefois ce système est minimal.

---
[2] Plus généralement $\mathfrak{S}_{n+1}$ s'identifie au sous-groupe du groupe orthogogonal $O_n(\mathbb{R})$ de l'espace euclidien $\mathbb{R}^n$, stabilisateur du simplexe régulier.

Proposition 3.5 — *Toute permutation se décompose en un produit de cycles à supports disjoints; cette décomposition est unique à l'ordre près d'apparition des cycles.*

Démonstration. Le groupe $\mathfrak{S}_n$ opère sur l'ensemble $E = \{1,\ldots,n\}$. Il en est de même, par restriction, du sous-groupe $<\sigma>$ engendré par une permutation $\sigma \in \mathfrak{S}_n$. Les orbites de E sous l'action de $<\sigma>$ sont stables par σ et la restriction de σ à l'une quelconque d'entre elles est un cycle dont la longueur est le nombre des éléments de l'orbite. Ce sont les cycles annoncés. □

Ainsi la permutation

$$\sigma = \begin{pmatrix} 1 & 2 & 3 & 4 & 5 & 6 & 7 \\ 4 & 7 & 5 & 6 & 2 & 1 & 3 \end{pmatrix} \in \mathfrak{S}_7$$

se décompose en produit des deux cycles à supports disjoints : $c_1 = (1,4,6)$ (avec $\sigma(1) = 4$, $\sigma(4) = 6$ et $\sigma(6) = 1$) et $c_2 = (2,7,3,5)$ (avec $\sigma(2) = 7$, $\sigma(7) = 3$, $\sigma(3) = 5$ et $\sigma(5) = 2$).

Le cycle $c = (1, 2, \ldots, k)$, de longueur k, se décompose agréablement en produit de transpositions comme le montre l'égalité :

$$(1, 2, \ldots, k) = (1, 2)(2, 3) \cdots (k-1, k).$$

Ainsi un cycle de longueur k est le produit de $(k-1)$ transpositions. On en déduit qu'une permutation $\sigma \in \mathfrak{S}_n$, décomposée en un produit de cycles à supports disjoints sous la forme $\sigma = c_1 \cdots c_r$, se décompose en un produit de $\sum_{i=1}^{r}(\text{longueur}(c_i) - 1)$ transpositions. Mais ce résultat est d'autant plus intéressant qu'on y adjoint la proposition suivante. On note $\text{prof}(\sigma)$ (prononcer profondeur) la longueur minimale d'une écriture de σ en produit de transpositions. Ainsi $\text{prof}((i,j)) = 1$ et $\text{prof}((1,2,3)) = 2$; on conviendra que $\text{prof}(Id) = 0$.

Proposition 3.6 — *Soient $\sigma = c_1 c_2 \cdots c_r$ une décomposition[3] d'une permutation $\sigma \in \mathfrak{S}_n$ en produit de cycles à supports disjoints et l_i la longueur du cycle c_i, $i = 1, \ldots, r$. On a :*

$$\text{prof}(\sigma) = \sum_{i=1}^{r}(l_i - 1).$$

Démonstration. Nous savons déjà que le nombre proposé est un majorant. Il reste à établir qu'on ne peut faire mieux. Notons $pf(\sigma) = \sum_{i=1}^{r}(l_i - 1)$. On a donc $\text{prof}(\sigma) \leq pf(\sigma)$. Maintenant, si on tient compte de la remarque sur la comparaison des cycles de σ et de $\tau\sigma$ où τ est une transposition, on a aussi : $pf(\tau\sigma) \geq pf(\sigma) - 1$. Enfin soit $\sigma = \tau_1 \tau_2 \cdots \tau_s$, $s = \text{prof}(\sigma)$, une écriture de longueur minimale de σ; on a, bien sûr, $\text{prof}(\tau_1 \sigma) = s - 1$. Ces remarques étant faites, raisonnons par récurrence sur s. Pour une transposition la proposition est vraie. Imaginons qu'elle soit vraie jusqu'à $(s-1)$; c'est-à-dire que, pour toute

---

[3] On peut indifféremment écrire ou non les cycles de longueur 1 ; ceux-ci n'ont aucune influence sur la formule.

permutation de profondeur inférieure à s, la formule donnant la profondeur est exacte. On a

$$pf(\sigma) - 1 \leq pf(\tau_1\sigma) = \text{prof}(\tau_1\sigma) = \text{prof}(\sigma) - 1.$$

On retient : $pf(\sigma) \leq \text{prof}(\sigma)$. D'où le résultat. □

Remarque. Si on convient de comptabiliser tous les cycles de la décomposition de $\sigma \in \mathfrak{S}_n$ (y compris les points fixes) on peut écrire $\text{prof}(\sigma) = n - r$. Observer, de plus, que cette formule reste encore valable lorsqu'on injecte naturellement σ dans $\mathfrak{S}_{n+k}$.

La signature d'une permutation

On définit la signature d'une permutation $\sigma \in \mathfrak{S}_n$ par la formule :

$$\text{sg}(\sigma) = (-1)^{n+r},$$

où n désigne l'indice du groupe symétrique auquel appartient la permutation[4] et r le nombre de cycles figurant dans la décomposition de σ, y compris les cycles réduits à un point (c'est-à-dire les points fixes). La signature de l'identité est donc $(-1)^{2n} = 1$, celle d'une transposition égale -1 et plus généralement la signature d'un cycle de longueur k est $(-1)^{k+1}$.

Comparons les cycles d'une permutation $\sigma \in \mathfrak{S}_n$ à ceux de $\tau\sigma$ où $\tau = (i,j)$ est une transposition de $\mathfrak{S}_n$. Soit $\sigma = c_1 c_2 \cdots c_r$ une décomposition de σ en produit de cycles à supports disjoints. Examinons les deux possibilités.

a. Les points i et j appartiennent à un même cycle c_1. Soit $c_1 = (i_1, i_2, \ldots, i_s, \ldots, i_t)$ avec $i_1 = i$ et $i_s = j$. On observe que, dans ce cas, la permutation composée $(i,j)c_1$ s'écrit comme le produit suivant, de deux cycles à supports disjoints :

$$(i,j)c_1 = (i_1, \ldots i_{s-1})(i_s, \ldots, i_t).$$

b. Les deux points appartiennent à deux cycles disjoints : $i \in c_1$ et $j \in c_2$. Soient $c_1 = (i_1, \ldots, i_s)$ et $c_2 = (j_1, \ldots, j_t)$ avec $i = i_1$ et $j = j_1$. Cette fois-ci la permutation produit $\tau c_1 c_2$ est un seul cycle :

$$\tau c_1 c_2 = (i_1, \ldots, i_s, j_1, \ldots, j_t).$$

Dans le premier cas il y a dédoublement du cycle c_1, dans le second il y a raccordement des deux cycles c_1 et c_2. Dans les deux cas la parité du nombre des cycles dans la décomposition de σ et de $\tau\sigma$ est différente.

Voici le premier résultat important concernant la signature :

Proposition 3.7 — *Pour $n > 1$, l'application* $\text{sg} : \mathfrak{S}_n \to \{\pm 1\}$ *est un morphisme surjectif de groupes.*

---

[4]Noter que la signature de $\sigma \in \mathfrak{S}_n$ est la même que celle de son image par l'injection $\mathfrak{S}_n \hookrightarrow \mathfrak{S}_{n+1}$ que nous venons d'évoquer.

D'après la remarque que nous venons de faire sur l'étude comparée des cycles de la permutation σ et de la permutation $\tau\sigma$ il vient :

$$\mathrm{sg}(\tau\sigma) = -\mathrm{sg}(\sigma) = \mathrm{sg}(\tau)\mathrm{sg}(\sigma).$$

Nous laissons au lecteur le soin de terminer la démonstration par récurrence en utilisant la décomposition d'une permutation en un produit de transpositions.
Remarques. a. Une autre approche de la signature est due à CAUCHY. Elle est donnée par la formule :

$$\mathrm{sg}(\sigma) = \prod_{1 \leq i < j \leq n} \frac{\sigma(j) - \sigma(i)}{j - i}, \ \sigma \in \mathfrak{S}_n.$$

Elle permet de calculer rapidement la signature d'une permutation qui se présente sous la forme d'un tableau à deux lignes comme indiqué au début de ce paragraphe pour la représentation d'une permutation. Il suffit alors de déterminer la parité du nombre des inversions dans la seconde ligne du tableau (on dit que le tableau présente une inversion en i et j si $i < j$ et $\sigma(i) > \sigma(j)$). Ainsi la permutation

$$\begin{pmatrix} 1 & 2 & 3 & 4 & 5 \\ 3 & 4 & 2 & 5 & 1 \end{pmatrix}$$

présente 6 inversions : aux colonnes 1 et 3 (où 3>2), 1 et 5, 2 et 3, 2 et 5, 3 et 5, enfin 4 et 5 ; sa signature est donc +1.
b. Nous verrons à la fin de ce chapitre, mais la justification en est élémentaire, que la signature est le seul homomorphisme non banal du groupe symétrique $\mathfrak{S}_n$ dans le groupe multiplicatif $\mathbb{C}^*$.

La conjugaison dans le groupe symétrique

Nous rappelons que, pour tout groupe G et tout élément $g_0 \in G$, l'application

$$\varphi_{g_0} : G \to G, \ g \mapsto \varphi_{g_0}(g) = g_0 g g_0^{-1},$$

est un automorphisme du groupe G appelé la conjugaison par g_0 (on dit aussi l'automorphisme intérieur associé à g). De plus l'application

$$\varphi : G \to \mathrm{Aut}(G), \ g_0 \mapsto \varphi_{g_0},$$

est un morphisme du groupe G dans celui de ses automorphismes dont le noyau est le centre de G. L'image de G, dans le groupe $\mathrm{Aut}(G)$, est un sous-groupe distingué du groupe des automorphismes de G, appelé le groupe des automorphismes intérieurs (notation $\mathrm{Int}(G)$) de G. On a

$$\mathrm{Int}(G) \simeq G/\mathrm{Cent}(G).$$

Dans le cas du groupe symétrique, pour $n > 2$, le groupe des automorphismes intérieurs s'identifie avec le groupe symétrique. En effet :

Proposition 3.8 — *Le centre de $\mathfrak{S}_n$ est, pour $n > 2$, réduit à l'élément neutre.*
Pour le voir on peut raisonner par l'absurde et supposer que $\sigma \in \mathfrak{S}_n$, $\sigma \neq Id$, commute à toutes les transpositions. Soit i tel que $\sigma(i) = j \neq i$. Il existe $k \in \{1, \ldots n\}$ tel que $k \neq i$ et $k \neq j$. On a :

$$(j,k) \circ \sigma(i) = k \neq j = \sigma(i) = \sigma \circ (j,k)(i).$$

Nous allons montrer davantage mais auparavant précisons d'abord la façon dont le groupe des permutations opère, par conjugaison, sur ses cycles. Soient $c = (i_1, \ldots, i_k)$ un cycle de longueur k et σ une permutation, tous deux éléments de $\mathfrak{S}_n$. On a la formule, essentielle, de conjugaison :

$$\sigma c \sigma^{-1} = (\sigma(i_1), \ldots, \sigma(i_k)).$$

Pour l'établir il suffit de le faire pour une transposition $\sigma = (i,j)$ et de distinguer trois cas, suivant que le support du cycle c possède 0, 1 ou 2 points en commun avec la transposition (i,j).
Remarque. La conjugaison permet de passer du système de générateurs formé des transpositions du type $(1,i)$ au système de générateurs constitué des $(n-1)$ transpositions du type $(i, i+1)$. C'est aussi un système minimal. Enfin en conjuguant la transposition $\tau = (1,2)$ par le n-cycle $c = (1, 2, \ldots, n)$ il apparaît que les deux permutation τ et c engendrent déjà le groupe symétrique $\mathfrak{S}_n$. Il est clair que, pour $n > 2$, ce dernier système est minimal.

Nous allons maintenant étudier plus en profondeur le groupe des automorphismes du groupe symétrique. Mais, avant de comparer les groupes $\mathrm{Aut}(\mathfrak{S}_n)$ et $\mathrm{Int}(\mathfrak{S}_n)$, établissons d'abord deux résultats auxiliaires.

Proposition 3.9 — *Tout automorphisme du groupe $\mathfrak{S}_n$ stable sur l'ensemble des transpositions est, pour $n > 2$, un automorphisme intérieur.*

Démonstration. Soit $\Theta : \mathfrak{S}_n \to \mathfrak{S}_n$ un automorphisme transformant toute transposition en une transposition. Posons $\Theta((1,2)) = (\alpha_1, \alpha_2)$. Les transpositions $(1,2)$ et $(1,3)$ ne commutent pas ; il en sera de même de leurs images par Θ. Les deux transpositions images seront distinctes mais à supports non disjoints. Posons $\Theta((1,3)) = (\alpha_1, \alpha_3)$. Comme on a $(1,3)(1,2)(1,3) = (2,3)$ on en déduit : $\Theta((2,3)) = (\alpha_2, \alpha_3)$. Maintenant pour $i > 3$ le support de la transposition $(1,i)$ a un point en commun avec les supports des transpositions $(1,2)$ et $(1,3)$. Il en sera nécessairement de même avec les images par Θ. Le point commun aux trois images est nécessairement α_1 car on ne peut avoir $\Theta((1,i)) = (\alpha_2, \alpha_3)$. Posons donc $\Theta((1,i)) = (\alpha_1, \alpha_i)$. Il s'ensuit que $\Theta((i,j)) = (\alpha_i, \alpha_j)$, que $\alpha : i \mapsto \alpha_i$ est élément de $\mathfrak{S}_n$ et que

$$\alpha \circ (i,j) \circ \alpha^{-1} = (\alpha_i, \alpha_j) = \Theta((i,j)).$$

L'automorphisme Θ est donc la conjugaison par la permutation α. □

Le second résultat que nous utiliserons est le suivant :

Proposition 3.10 — *Dans le groupe symétrique $\mathfrak{S}_n$ le commutant d'une transposition comporte $2((n-2)!)$ éléments; plus généralement le commutant d'un élément d'ordre 2, composé du produit de r transpositions à supports disjoints, dispose de $2^r((n-2r)!)(r!)$ éléments.*

Démonstration. Prenons pour transposition $t = (1,2)$. Soit σ une permutation qui commute avec t. On a donc $\sigma \circ (1,2) \circ \sigma^{-1} = (1,2) = (\sigma(1), \sigma(2))$. Les points du support de t sont donc échangés entre eux; il en est de même de l'ensemble des points fixes de t. Il est clair que toute permutation qui satisfait ces conditions est élément du commutant. Ceci nous offre, pour le commutant, le nombre requis de permutations.
Le cas général se traite de la même façon en observant que l'ensemble des points fixes de l'ensemble $\{1, \ldots, n\}$, sous l'action d'un élément t d'ordre 2, est stable par σ et que les supports des transpositions figurant dans la décomposition de t sont permutés entre eux. □

Remarque. Dans le premier cas le commutant d'une transposition est un sous-groupe de $\mathfrak{S}_n$ isomorphe à $\mathbb{Z}/2\mathbb{Z} \times \mathfrak{S}_{n-2}$; l'identification du commutant dans le cas général est proposée dans l'annexe A, exercice 18.

Proposition 3.11 — *Pour $n > 2$ et $n \neq 6$ on a l'égalité $\mathrm{Aut}(\mathfrak{S}_n) = \mathrm{Int}(\mathfrak{S}_n)$ tandis que pour $n = 6$ on a $[\mathrm{Aut}(\mathfrak{S}_n) : \mathrm{Int}(\mathfrak{S}_n)] = 2$.*

Démonstration. Soit Θ un automorphisme du groupe $\mathfrak{S}_n$. L'image $t = \Theta((1,2))$ est un élément d'ordre 2 de $\mathfrak{S}_n$. De plus tous les conjugués de la transposition $(1,2)$ ont pour image des conjugués de t.
Il s'en suit que si t est une transposition il en sera de même de toutes les images des transpositions par Θ; aussi dans ce cas Θ est un automorphisme intérieur.
Supposons maintenant que $t = t_1 t_2 \cdots t_r$, $r \geq 2$, où les t_i, $i = 1, \ldots, r$, sont des transpositions à supports disjoints. Le commutant de la transposition $(1,2)$ a $2((n-2)!)$ éléments. Il en est de même du commutant de t qui en a $2^r((n-2r)!)(r!)$.
On doit donc avoir :
$$2((n-2)!) = 2^r((n-2r)!)(r!),$$
ou encore :
$$\binom{n-2}{2r-2} = \frac{(n-2)!}{(n-2r)!(2r-2)!} = \frac{2^{r-1}(r!)}{(2r-2)!} = \frac{r}{1 \cdot 3 \cdots (2r-3)}.$$

Le premier membre de ces égalités est un entier naturel; il en est de même du dernier. On a en particulier : $2r - 3 \leq r$. Ce qui impose $r = 2$ ou $r = 3$. Le cas $r = 2$ s'élimine immédiatement. Il ne subsiste que $r = 3$ ce qui impose $\binom{n-2}{4} = 1$, c'est-à-dire $n = 6$. Ainsi pour $n > 2$ et $n \neq 6$ on a : $\mathrm{Aut}(\mathfrak{S}_n) = \mathrm{Int}(\mathfrak{S}_n)$.
Il reste à étudier le cas $n = 6$. On a vu que si Θ est un automorphisme non intérieur alors la classe de conjugaison d'une transposition est échangée avec celle d'un produit de trois transpositions à supports deux à deux disjoints (ces deux

classes de conjugaison ont chacune 15 éléments). De plus si Θ' est un second automorphisme non intérieur alors $\Theta' \circ \Theta^{-1}$ est un automorphisme intérieur puisqu'il transforme une transposition en une transposition. D'où si $\mathrm{Aut}(\mathfrak{S}_n) \neq \mathrm{Int}(\mathfrak{S}_n)$ alors $[\mathrm{Aut}(\mathfrak{S}_n) : \mathrm{Int}(\mathfrak{S}_n)] = 2$. Il reste à exhiber un automorphisme non intérieur. A cet effet on se souvient que le groupe symétrique $\mathfrak{S}_6$ est d'une part engendré par la transposition $(1,2)$ et le cycle $(1,2,\ldots,6)$ et d'autre part défini comme le quotient d'un groupe libre à deux générateurs A et B par les relations :

$$\mathcal{R} = \{A^2,\ (AB^{-1}AB)^3,\ (AB^{-2}AB^2)^2,\ B^6(AB)^{-5}\}$$

(dans cette dernière définition A correspond à la transposition $(1,2)$ et B au cycle $(1,\ldots,6)$ [4, Tables, p.137]). Considérons alors le morphisme, du groupe libre à deux générateurs A et B dans le groupe symétrique $\mathfrak{S}_6$, défini par :

$$\tilde{\Theta} : \mathcal{L}(A,B) \to \mathfrak{S}_6,\ A \mapsto (1,2)(3,4)(5,6),\ B \mapsto (1,2,5)(4,6).$$

On sait déjà que les éléments A^2 et B^6 ont pour image l'identité. Les éléments $AB^{-1}AB$ et $AB^{-2}AB^2$ ont pour image respective les permutations $(1,6,4)(2,3,5)$ et $(1,5)(2,6)$. Quant à AB son image est le 5-cycle $(2,6,3,4,5)$. On en déduit que le noyau de $\tilde{\Theta}$ contient les relations $\mathcal{R}$ et donc que $\tilde{\Theta}$ se factorise à travers $\mathcal{L}(A,B)/\mathcal{R}$. Il en découle un morphisme $\Theta : \mathfrak{S}_6 \to \mathfrak{S}_6$ qui est en fait un automorphisme puisque le noyau ne peut être ni $\mathfrak{S}_6$ ni $\mathfrak{A}_6$, les seuls sous-groupes distingués de $\mathfrak{S}_6$ autres que $\{1\}$ comme nous le verrons plus loin (voir simplicité du groupe alterné). □

Remarque. Par un automorphisme non intérieur la classe de conjugaison d'un 3-cycle est échangée avec celle des produits de deux 3-cycles à supports disjoints (chacune de ces deux classes à 40 éléments) ; de même la classe de conjugaison des cycles de longueur 6 s'échange avec celle des produits d'un 3-cycle et d'une transposition à supports disjoints (120 éléments dans chacune de ces deux classes). Nous laissons au lecteur le soin d'étudier plus en détails l'opération du groupe quotient $\mathrm{Aut}(\mathfrak{S}_6)/\mathrm{Int}(\mathfrak{S}_6)$ sur les classes de conjugaison.

Le sous-groupe alterné $\mathfrak{A}_n$

Le groupe alterné $\mathfrak{A}_n$ est par définition le noyau de l'homomorphisme surjectif :

$$\mathrm{sg} : \mathfrak{S}_n \to \{\pm 1\}.$$

Il possède donc $n!/2$ éléments : ce sont les permutations de signature $+1$ dites aussi permutations paires.

Proposition 3.12 — *Pour $n > 2$ le groupe alterné $\mathfrak{A}_n$ est engendré par les 3-cycles.*

Démonstration. Une permutation est paire si, et seulement si, elle se décompose en un produit d'un nombre pair de transpositions. Or le produit de deux transpositions distinctes est, soit un 3-cycle si ses deux transpositions ont des supports non disjoints (en effet : $(i,j)(j,k) = (i,j,k)$), sinon un produit de deux 3-cycles (en effet : $(i,j)(k,l) = (i,j)(j,k)(j,k)(k,l) = (i,j,k)(j,k,l)$). □

Une autre propriété du groupe alterné nous sera utile :

Proposition 3.13 — *Le groupe alterné $\mathfrak{A}_n$ est, pour $n > 2$, le groupe dérivé du groupe symétrique $\mathfrak{S}_n$.*

Démonstration. Une transposition est d'ordre 2 ; elle n'a donc que deux images possibles par un caractère : ± 1. Maintenant tout caractère d'un groupe est constant sur les classes de conjugaison ; de plus les transpositions engendrent le groupe symétrique. Il n'y a donc que deux homomorphismes possibles du groupe symétrique dans le groupe multiplicatif des nombres complexes : l'application constante 1 et la signature. Mais $[\mathfrak{S}_n : \mathfrak{A}_n] = 2$; d'où le résultat. □

Comme le groupe symétrique, le groupe alterné $\mathfrak{A}_{n+1}$ apparaît en géométrie. Il est isomorphe au groupe des déplacements du simplexe régulier de $\mathbb{R}^n$. On notera que la signature de la permutation correspond au déterminant de la transformation orthogonale. On retrouve même $\mathfrak{A}_5$ comme étant isomorphe au groupe des déplacements, dans l'espace euclidien $\mathbb{R}^3$, du dodécaèdre ou de son dual l'icosaèdre.

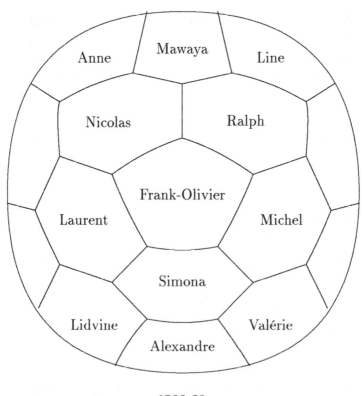

1998-99

Chapitre 4
Introduction à la théorie des représentations linéaires

4.1 Premières définitions et premiers exemples

L'identification d'un groupe abstrait avec un groupe de matrices ouvre toutes les possibilités du calcul matriciel pour l'exploration des propriétés du groupe. C'est l'objet de la théorie des représentations linéaires des groupes dont le mathématicien allemand FROBENIUS fut un des pionniers à la fin du siècle dernier [10, Note historique]. L'expérience montre qu'il n'est pas nécessaire d'exiger au préalable l'identification du groupe lui-même, mais seulement d'un quotient de ce groupe, avec un groupe matriciel. Voici la notion de représentation linéaire d'un groupe.

Définition 4.1 — *On appelle représentation linéaire d'un groupe G la donnée d'un espace vectoriel V et d'un morphisme de groupes*

$$\rho : G \to GL(V).$$

L'espace vectoriel V est l'espace de la représentation et la dimension de V son degré. Lorsque ρ est injectif la représentation est dite fidèle.

De beaux résultats apparaissent lorsque l'on fait des hypothèses de finitude et lorsque le corps de base est algébriquement clos et de caractéristique nulle. C'est dans ce cadre que nous allons travailler. Sauf indications contraires les groupes considérés seront donc finis et les espaces vectoriels seront de dimension finie sur le corps des nombres complexes.

Certains exemples d'identification d'un groupe avec un sous-groupe d'un groupe linéaire sont déjà familiers. En voici deux.

a. Le groupe diédral est en général défini comme le sous-groupe du groupe des isométries du plan euclidien qui stabilise un polygone régulier centré à l'origine. Ce groupe a déjà été évoqué au chapitre 1 comme un exemple de groupe défini par générateurs et relations. Il sera repris avec plus de détails au chapitre 7 lorsque nous rechercherons ses représentations irréductibles par un procédé dit d'induction.

b. Le second exemple est donné par le sous-groupe G_T du groupe O_3 formé des isométries de $\mathbb{R}^3$ qui laissent invariant un tétraèdre régulier T centré à l'origine. Pour plus de commodité on se reportera à la figure qui illustre la fin de ce chapitre. On y voit le tétraèdre régulier $T = \{a, b, c, d\}$ installé dans son cube C (il est important de toujours représenter un tétraèdre dans sa boîte). Les huit sommets de C sont les quatre sommets de T et leur quatre symétriques par rapport au centre de T (ou celui de C). Ces quatre symétriques constituent un second tétraèdre régulier $\tilde{T} = \{\alpha, \beta, \gamma, \delta\}$. Les quatre sommets de T forment un repère affine de $\mathbb{R}^3$. Aussi toute isométrie est entièrement définie par la permutation qu'elle engendre sur ces quatre sommets. Le groupe G_T s'identifie donc, dans un premier temps, à un sous-groupe de $\mathfrak{S}_4$.

Les 6 symétries orthogonales par rapport aux plans médiateurs des arêtes de T sont des éléments de G_T. Elles s'identifient aux 6 transpositions de $\mathfrak{S}_4$. Or ces transpositions engendrent $\mathfrak{S}_4$. Le groupe G_T est donc isomorphe à $\mathfrak{S}_4$. Explicitons davantage cette bijection. Les 3 axes du cube sont des axes binaires pour le tétraèdre T. Ces axes sont aussi les perpendiculaires communes à deux arêtes opposées du tétraèdre. Un demi-tour autour d'un de ces axes préserve T et correspond dans $\mathfrak{S}_4$ à un produit de 2 transpositions à supports disjoints. De même les diagonales du cube sont des axes ternaires pour T. Une diagonale passe, en effet, par un sommet de T et le centre du triangle équilatéral qui lui est opposé. Il est plus délicat d'identifier les 4-cycles. On reprend l'un des 3 axes du cube et on effectue un quart de tour autour de cet axe. Le tétraèdre T devient le tétraèdre $\tilde{T}$. Une composition avec la symétrie par rapport à l'origine rétablit la situation. On obtient ainsi un antidéplacement, d'ordre 4, de G_T, qui correspond à un 4-cycle de $\mathfrak{S}_4$. Si, dans la composition qui précède, on remplace l'homothétie de rapport -1 par une symétrie par rapport au plan orthogonal à l'axe du cube choisi, on obtient la transformation inverse de la précédente. On associe ainsi à chacun des trois axes deux antidéplacements, d'ordre 4. On observe que le sous-groupe des déplacements de G_T, est isomorphe à $\mathfrak{A}_4$. Il s'agit de l'intersection $G_T \cap SO_3$ ou encore du noyau du déterminant. Noter qu'au déterminant sur G_T correspond la signature dans $\mathfrak{S}_4$.

On peut même aller plus loin et donner une seconde identification du groupe $\mathfrak{S}_4$. On note G_C le groupe des déplacements de $\mathbb{R}^3$ qui laissent invariant le cube. Ce groupe comporte deux types d'éléments. D'une part ceux qui laissent invariant T. Il s'agit des 12 déplacements de G_T. D'autre part ceux qui échangent T et $\tilde{T}$. Ce sont les composés des 12 antidéplacements de G_T avec la symétrie centrale. Il est clair que le groupe G_C[1] est, lui aussi, isomorphe à $\mathfrak{S}_4$.

Nous sommes ici en présence de 2 représentations linéaires du groupe $\mathfrak{S}_4$ de

---

[1]On obtient les 48 isométries qui conservent le cube en composant les déplacements de G_C avec la symétrie de centre O; le groupe obtenu est isomorphe au produit direct $\mathfrak{S}_4 \times \mathbb{Z}/2\mathbb{Z}$.

Premières définitions; premiers exemples

nature très différentes. Dans le groupe G_C le déterminant des transformations est constant et égale 1. Ce n'est pas le cas avec les éléments de G_T.

La notion de représentations équivalentes précise cette observation.

Définition 4.2 — *On dit que deux représentations linéaires d'un même groupe G, $\rho_i : G \to GL(V_i)$, $i = 1, 2$, sont équivalentes s'il existe un isomorphisme d'espaces vectoriels, $f : V_1 \xrightarrow{\sim} V_2$, tel que l'on ait :*

$$\rho_2(g) \circ f = f \circ \rho_1(g), \ g \in G.$$

On peut aussi exprimer cette condition par la commutativité du diagramme

$$\begin{array}{ccc} G & \xrightarrow{\rho_1} & GL(V_1) \\ \rho_2 \downarrow & \tilde{f} \swarrow & \\ GL(V_2) & & \end{array}$$

où $\tilde{f} \colon GL(V_1) \to GL(V_2)$ désigne l'isomorphisme des groupes linéaires associé à f. Il est, rappelons-le, défini par :

$$\tilde{f}(\varphi) = f \circ \varphi \circ f^{-1}, \ \varphi \in GL(V_1).$$

En termes de matrices cela signifie que les matrices associées à la première représentation sont semblables à leurs homologues dans la seconde, via la même matrice de passage.

Voici d'autres exemples de représentations utilisées depuis longtemps sous une forme équivalente. Tout morphisme $\chi : G \to \mathbb{C}^*$ définit une représentation de degré 1 du groupe G. Il suffit pour cela de lui associer le sous-groupe des homothéties de rapport $\chi(g)$, $g \in G$, de $\mathbb{C}$. Réciproquement il est clair que toute représentation de degré 1 définit un morphisme de G dans $\mathbb{C}^*$. Ces fonctions sur G portaient autrefois le nom de caractères. On précise aujourd'hui en disant caractères de degré un. On observe également que, si l'ordre du groupe G est γ, alors l'image d'un caractère de degré 1 est contenue dans le sous-groupe du groupe multiplicatif de $\mathbb{C}$ formé par les racines $\gamma^{\text{ièmes}}$ de l'unité. Enfin, comme le groupe multiplicatif de $\mathbb{C}$ est commutatif, il y a bijection entre les caractères de degré 1 de G et ceux de G/G' (où G' désigne, comme déjà dit, le groupe dérivé de G engendré par l'ensemble $\{ghg^{-1}h^{-1}, g, h \in G\}$, des commutateurs de G).

Notons encore que, lorsque le groupe G est abélien, les caractères de degré 1 sont connus dès qu'une décomposition de G en somme directe de groupes cycliques est fournie. En particulier si G est cyclique, d'ordre γ, alors les caractères de degré 1 sont en bijection avec les racines $\gamma^{\text{ièmes}}$ de l'unité.

La notion de sous-représentation d'une représentation $\rho : G \to GL(V)$ se définit à partir d'un sous-espace vectoriel W de V, stable par les différents automorphismes $\rho(g)$, $g \in G$. On restreint à W l'opération de ces automorphismes. On note $\rho_{|W} : G \to GL(W)$ cette sous-représentation.

La notion de représentation irréductible suit naturellement.

Définition 4.3 — *Une représentation, $\rho : G \to GL(V)$, est dite irréductible si les seuls sous-espaces stables de V sont $\{0\}$ et l'espace vectoriel V tout entier.*

Ainsi les représentations de degré 1 constituent-elles des représentations irréductibles particulières. Il est clair que le nombre des caractères de degré 1 de G est l'indice $[G : G']$ de G' dans G.

4.2 Premiers résultats

Un premier procédé de construction de représentations linéaires d'un groupe fini G est la somme directe de représentations de G. Soient deux représentations, $\rho_i : G \to GL(V_i)$, $i = 1, 2$, du même groupe G. On définit la somme directe $\rho_1 \oplus \rho_2$ comme étant la représentation d'espace vectoriel $V_1 \oplus V_2$ définie par la formule :

$$(\rho_1 \oplus \rho_2)(g)(v_1 + v_2) = \rho_1(g)(v_1) + \rho_2(g)(v_2), \ g \in G, \ v_1 \in V_1, \ v_2 \in V_2.$$

De telles situations sont fréquentes comme le montre l'exemple classique d'une symétrie non banale d'un espace vectoriel, symétrie que l'on sait être diagonalisable. On est en fait dans la situation d'une représentation du groupe symétrique $\mathfrak{S}_2$ où la symétrie s'identifie à la transposition. La diagonalisation de la symétrie n'est autre que la décomposition de la représentation en sommes directes de la représentation identité et de la représentation associée à la signature. Chacune de ces représentations linéaires apparaît avec la multiplicité respective des valeurs propres 1 et -1 de la symétrie (nous rappelons que l'identité et la signature sont les deux caractères de degré 1 du groupe symétrique $\mathfrak{S}_n$).
On a le premier résultat important suivant :

Théorème 4.4 — *Toute représentation linéaire complexe et de degré fini d'un groupe fini est une somme directe de représentations irréductibles.*

Le théorème se déduit du lemme suivant par récurrence sur la dimension de l'espace de la représentation.

Lemme 4.5 — *Tout sous-espace stable d'une représentation linéaire complexe, de degré fini, d'un groupe fini admet un sous-espace supplémentaire stable.*

Démonstration du lemme. Soit $\rho : G \to GL(V)$ une représentation. Nous proposons deux justifications ; chacune d'elles met en valeur certaines des hypothèses. Une première démonstration n'utilise du corps de base que l'hypothèse de la caractéristique zéro. On note W_1 un supplémentaire quelconque dans V d'un sous-espace stable W et p_1 la projection sur le sous-espace stable parallèlement à W_1. Il suffit alors d'observer que l'application linéaire

$$p = \frac{1}{\gamma} \sum_{g \in G} \rho(g) p_1 \rho(g^{-1})$$

est un projecteur dont l'image est W et dont le noyau est stable par G.

Une seconde démonstration utilise, lorsque le corps de base est $\mathbb{R}$ ou $\mathbb{C}$, l'existence d'un produit scalaire sur l'espace de la représentation, stable par l'action du groupe. En effet, si $\langle\,,\,\rangle$ désigne un produit scalaire quelconque sur V, le produit scalaire suivant est stable par ρ :

$$\langle x,y\rangle_\rho = \sum_{g\in G}\langle \rho(g)(x), \rho(g)(y)\rangle,\ x,\ y \in V.$$

On termine en se souvenant que si un sous-espace de V est stable sous l'action d'une transformation unitaire alors son supplémentaire orthogonal l'est aussi. $\square$

On observe donc que si le corps de base est le corps des nombres complexes (resp. des nombres réels) et si l'espace de la représentation est muni d'un produit scalaire stable par ρ alors l'image $\rho(G)$ est incluse dans le sous-groupe unitaire (resp. orthogonal) de $GL(V)$. De plus, dans le cas complexe, chaque automorphisme $\rho(g)$, $g \in G$, est diagonalisable et ses valeurs propres sont des racines $\gamma^{\text{ièmes}}$ de l'unité (puisque d'après le théorème de LAGRANGE $g^\gamma = 1$). Nous utiliserons souvent ce dernier résultat valable pour toute représentation de degré fini sur le corps des nombres complexes.

4.3 Trois procédés de fabrication de représentations

4.3.1 Quotient par un sous-groupe distingué

Soient H un sous-groupe distingué de G et $\overline{\rho} : G/H \to GL(V)$ une représentation linéaire (resp. irréductible) du groupe quotient. Il est immédiat que le morphisme composé

$$\rho = \overline{\rho} \circ \pi : G \to GL(V),$$

où $\pi : G \to G/H$ désigne le morphisme quotient, définit une représentation linéaire (resp. irréductible) de G. Ce procédé est utilisé pour déterminer les caractères de degré 1 du groupe G. Ces caractères sont en bijection avec ceux du groupe abélien G/G', comme nous l'avons déjà observé plus haut. Pour ce faire il est nécessaire de connaître le groupe dérivé G' de G et surtout d'avoir identifié le quotient G/G'. Signalons au passage que la recherche des caractères de degré 1 peut aussi se faire très agréablement à partir d'un système de générateurs et de relations du groupe G. C'est le cas, par exemple, pour le groupe diédral.

Voici deux nouvelles façons de construire des représentations d'un groupe.

4.3.2 Le produit tensoriel

Soient V_i, $i = 1,\ 2$, deux espaces vectoriels et $V = V_1 \otimes V_2$ un produit tensoriel de ces deux espaces. On rappelle que si $\{e_i,\ i = 1,\ldots, n_1\}$ et $\{f_j,\ j = 1,\ldots, n_2\}$

sont deux bases de V_1 et V_2 respectivement alors

$$\{e_i \otimes f_j,\ i = 1, \ldots, n_1,\ j = 1, \ldots, n_2\}$$

est une base de V. Maintenant si $\rho_i : G \to GL(V_i)$, $i = 1, 2$, sont deux représentations du groupe G, on définit leur produit tensoriel $\rho = \rho_1 \otimes \rho_2$ par la formule :

$$\rho : G \to GL(V),$$

$$\rho(g)(v_1 \otimes v_2) = \rho_1(g)(v_1) \otimes \rho_2(g)(v_2),\ g \in G,\ v_1 \in V_1,\ v_2 \in V_2.$$

Les vérifications des axiomes des représentations linéaires sont immédiates (pour une présentation plus générale du produit tensoriel voir [2, Chapitre 2]).
Observons que si ρ_1 est réductible (c'est-à-dire si $\rho_1 = \rho_1' \oplus \rho_1''$) il en est de même de ρ (on a en fait $\rho = (\rho_1' \otimes \rho_2) \oplus (\rho_1'' \otimes \rho_2)$.) En revanche nous verrons plus loin que l'irréductibilité des représentations ρ_1 et ρ_2 n'implique pas celle de ρ. Toutefois ρ est irréductible si ρ_1 l'est et si $\operatorname{dg}(\rho_2) = 1$. La vérification est immédiate. Un bel exemple d'une telle situation est donnée par le groupe $\mathfrak{S}_4$ et a déjà été évoqué. Il s'agit de la représentation de $\mathfrak{S}_4$, comme sous-groupe des isométries de $\mathbb{R}^3$ qui stabilisent un tétraèdre régulier. Elle est le produit tensoriel de la représentation de $\mathfrak{S}_4$ comme sous-groupe des déplacements stabilisant un cube de $\mathbb{R}^3$ et de la signature de $\mathfrak{S}_4$. Nous reviendrons plus longuement sur le groupe $\mathfrak{S}_4$ ultérieurement (à la fin de ce chapitre et dans l'annexe A, exercice 15).

4.3.3 La représentation de permutation

C'est une représentation associée à une opération du groupe G sur un ensemble fini X. L'espace vectoriel de la représentation est $V = \bigoplus_{x \in X} \mathbb{C} e_x$. On peut aussi dire que V est l'espace vectoriel complexe des fonctions définies sur X et à valeurs dans $\mathbb{C}$, la fonction e_x étant l'indicatrice de $x \in X$ ($e_x(y) = \delta_{x,y}$, $y \in X$). L'opération $\rho : G \to GL(V)$ est alors définie par :

$$\rho(g)(e_x) = e_{g \cdot x},\ g \in G,\ x \in X.$$

L'appellation représentation de permutation est justifiée par le fait que $\rho(g)$ échange les vecteurs de la base $\{e_x,\ x \in X\}$ de V. Autrement dit la matrice de $\rho(g)$ dans cette base est une matrice de permutation et donc aussi une matrice orthogonale. C'est pourquoi on utilise souvent la structure euclidienne sur V qui fait de la base $\{e_x,\ x \in X\}$ une base orthonormale. Remarquons qu'une représentation de permutation a toujours une droite vectorielle ponctuellement invariante, à savoir celle sous-tendue par le vecteur $v = \Sigma_{x \in X} e_x$. Notons également que le sous-espace vectoriel $v^\perp$ est aussi stable par ρ. Nous donnerons plus loin, avec les propriétés des représentations de permutation, une condition suffisante pour que $v^\perp$ soit un sous-espace irréductible.

En exemple citons la représentation du groupe symétrique $\rho : \mathfrak{S}_n \to GL_n(\mathbb{C})$, définie sur les vecteurs de la base naturelle par :

$$\rho(\sigma)(e_i) = e_{\sigma(i)}, \ \sigma \in \mathfrak{S}_n, \ i = 1, \ldots, n.$$

Cette représentation fournit une représentation linéaire du groupe symétrique $\mathfrak{S}_n$., irréductible, d'espace vectoriel $v^\perp$, $v = e_1 + \ldots + e_n$) et de degré $n - 1$. On peut, à titre d'exercice, prouver cette irréductibilité directement.

On prend souvent pour ensemble X l'ensemble sous-jacent au groupe G et pour opération, soit la translation à gauche, soit la conjugaison. Dans le premier cas on obtient une représentation linéaire qui joue un rôle théorique important. On l'appelle la représentation régulière. Nous l'étudierons en détails plus loin (chapitre 5, démonstration du théorème 1).

La conjugaison est aussi utilisée comme opération de G sur l'ensemble des sous-groupes de p-SYLOW du groupe G où p est un diviseur premier de l'ordre de G. Nous verrons sur des exemples comment cette représentation de permutation permet de déterminer des représentations irréductibles du groupe G.

4.4 Caractère d'une représentation linéaire

Nous allons associer maintenant à toute représentation linéaire d'un groupe fini G une fonction sur ce groupe, à valeurs complexes dont le rôle sera fondamental.

Définition 4.6 — *On appelle caractère de la représentation $\rho : G \to GL(V)$ la fonction $\chi_\rho : G \to \mathbb{C}$ définie par : $\chi_\rho(g) = \mathrm{Trac}(\rho(g))$, $g \in G$.*

Voici quelques propriétés élémentaires et immédiates du caractère, mais il faut bien noter au préalable l'importance de l'hypothèse de finitude sur V.

Proposition 4.7 — *Soient ρ et ρ' deux représentations linéaires d'un groupe fini G, d'espaces vectoriels V et V' et de caractères χ_ρ et $\chi_{\rho'}$ respectivement.*
a. On a les égalités : $\chi_\rho(1) = \mathrm{dg}(\rho) = \dim(V) = \mathrm{dg}(\chi_\rho)$.
b. Lorsque ρ et ρ' sont équivalentes on a : $\chi_\rho = \chi_{\rho'}$.
c. Pour tout élément $g \in G$ on a : $\chi_\rho(g^{-1}) = \overline{\chi_\rho(g)}$
d. Pour tout couple (g, h) d'éléments de G on a les deux égalités :

$$\chi_\rho(gh) = \chi_\rho(hg) \ \text{ et } \ \chi_\rho(ghg^{-1}) = \chi_\rho(h).$$

e. Enfin, on a également les deux formules :

$$\chi_{\rho \oplus \rho'} = \chi_\rho + \chi_{\rho'} \ \text{ et } \ \chi_{\rho \otimes \rho'} = \chi_\rho \cdot \chi_{\rho'}.$$

Démonstration. La première propriété n'est qu'un simple constat. Elle permet de parler indifféremment du degré d'une représentation linéaire ou du degré de son caractère.

La seconde provient de l'invariance de la trace par changement de base.

La troisième est une propriété classique des matrices unitaires. Il suffit, pour s'en convaincre, de munir l'espace vectoriel de la représentation d'une structure euclidienne invariante par l'opération de groupe.

La quatrième est la propriété caractéristique de la trace présentée de deux points de vue différents.

Enfin la dernière propriété, élémentaire à établir, est importante. Elle prouve la stabilité, de l'ensemble de caractères d'un groupe fini, pour l'addition et la multiplication des fonctions. □

Calculons quelques caractères. Certains nous seront utiles plus tard. Commençons par une représentation de permutation ρ définie à partir d'une opération du groupe G sur un ensemble fini E. On interprète $\chi_\rho(g)$ comme $\mid E^g \mid$, le nombre des éléments de E stables par g. En particulier dans le cas de la représentation régulière ρ_r son caractère χ_r est nul sur $G \setminus \{1\}$ et $\chi_r(1) = \gamma = \mid G \mid$.

Continuons avec le groupe symétrique $\mathfrak{S}_3$. Nous en connaissons déjà trois représentations irréductibles. Outre l'identité et la signature, déjà mentionnées et qui sont de degré un, il y a la réalisation géométrique de $\mathfrak{S}_3$ comme stabilisateur dans le groupe orthogonal du plan euclidien d'un triangle équilatéral. L'irréductibilité de cette représentation tient au fait qu'il n'existe pas de direction propre commune aux six isométries. Son caractère χ_2 se calcule facilement dès que l'on identifie une transposition à une symétrie droite par rapport à la médiatrice de l'un des côtés et un 3-cycle à une rotation de $\pm 2\pi/3$ autour du centre de gravité du triangle. On dresse alors le tableau suivant des valeurs de ces trois caractères irréductibles (nous qualifions d'irréductible tout caractère associé à une représentation irréductible). Nous verrons plus tard que ce sont les seuls caractères irréductibles du groupe $\mathfrak{S}_3$. Nous apprendrons également à lire les nombreuses propriétés du tableau des caractères irréductibles associé à un groupe fini. Le voici dans le cas du groupe $\mathfrak{S}_3$

$\mathfrak{S}_3$	1	$(1,2)_3$	$(1,2,3)_2$
Id	1	1	1
sg	1	-1	1
χ_2	2	0	-1

Nous avons porté dans la première ligne du tableau un représentant de chacune des classes de conjugaison du groupe et en indice de ce représentant le nombre des éléments dans sa classe de conjugaison.

Terminons ce chapitre avec le groupe $\mathfrak{S}_4$. Comme pour le groupe $\mathfrak{S}_n$ en général, les seuls caractères de degré 1 sont l'identité et la signature. Les deux réalisations géométriques, citées en exemples plus haut, conduisent à deux caractères de degré 3, irréductibles (pour la même raison que dans l'exemple précédent), notés χ_3 pour les déplacements qui préservent un cube et χ_3' pour les isométries qui stabilisent un tétraèdre régulier. Le calcul des valeurs des caractères est facilité par l'interprétation géométrique.

Dans le cas du cube un quatre-cycle s'identifie à une rotation d'angle $\pm \pi/2$ autour de l'un des trois axes quaternaires du cube (axe passant par les centres de deux faces opposées) ; le produit de deux transpositions à supports disjoints est identifié à un demi-tour autour de l'un de ces axes quaternaires ; un 3-cycle est identifié à une rotation de $\pm 2\pi/3$ autour d'une des quatre diagonales du cube. Enfin une transposition s'identifie à un demi-tour autour de la médiatrice commune à deux arêtes symétriques par rapport au centre du cube. La détermination des traces de ces rotations est laissée au lecteur.

On peut voir l'ensemble des sommets d'un cube comme la réunion de ceux de deux tétraèdres réguliers inscrits dans le cube. Ces deux tétraèdres (le *latin* et le *grec* sur la figure) s'échangent par une symétrie par rapport au centre du cube (centre qui est aussi le barycentre chacun des tétraèdres). On identifie aisément les permutations de $\mathfrak{S}_4$ avec les isométries du tétraèdre. Pour les 3-cycles et pour les produits de deux transpositions à supports disjoints ce sont les mêmes déplacements que précédemment pour le cube. Une transposition s'identifie avec une symétrie par rapport à l'un des six plans médiateurs des arêtes (et qui contiennent chacun l'arête opposée). Il reste les quatre-cycles. Une rotation de $\pm \pi/2$ du cube échange les deux tétraèdres. On compose cette rotation avec la symétrie par rapport au plan formé par les deux autres axes quaternaires. On obtient ainsi l'application recherchée. Le calcul des traces est alors facile. Maintenant, si on se souvient que $\mathfrak{S}_4$ possède un sous-groupe distingué isomorphe au groupe de KLEIN et que le quotient par ce sous-groupe est isomorphe au groupe $\mathfrak{S}_3$, on exhibe, par passage au quotient, une représentation irréductible de degré deux à partir de celle connue de $\mathfrak{S}_3$. Voici la table des caractères irréductibles que nous venons de découvrir. Nous verrons qu'il n'y a pas d'autres caractères irréductibles.

$\mathfrak{S}_4$	1	$(1,2)_6$	$(1,2,3)_8$	$(1,2,3,4)_6$	$(1,2)(3,4)_3$
Id	1	1	1	1	1
sg	1	-1	1	-1	1
χ_2	2	0	-1	0	2
χ_3	3	-1	0	1	-1
χ'_3	3	1	0	-1	-1

A titre d'exercices on pourra étudier les représentations de permutations associées aux opérations suivantes du groupe $\mathfrak{S}_4$:

a. L'opération naturelle sur les quatre sommets du tétraèdre régulier (resp. les huit sommets du cube) liée à l'identification du groupe $\mathfrak{S}_4$ avec le stabilisateur dans le groupe orthogonal $O_3(\mathbb{R})$ (resp. dans le groupe spécial orthogonal $SO_3(\mathbb{R})$) du tétraèdre (resp. du cube).

b. L'opération de conjugaison sur ses sous-groupes de 2-SYLOW (resp. 3-SYLOW). On montrera en particulier que les caractères de ces représentations sont dans l'ordre :

$$Id + \chi_3', \quad Id + \mathrm{sg} + \chi_3 + \chi_3', \quad Id + \chi_2, \quad Id + \chi_3'.$$

On donnera un argument géométrique justifiant, a posteriori, l'égalité du premier et du dernier caractère.

Voici donc le cube et un de ses deux tétraèdres (le latin). Ces deux tétraèdres constituent l'étoile de KEPLER (la stella octangula), polyèdre étoilé, non connexe, qui est au cube ce que l'étoile de DAVID est à l'hexagone régulier convexe. De même qu'on représente toujours une hyperbole avec ses asymptotes, il est bon de toujours s'imaginer le tétraèdre régulier installé dans son cube enveloppant. Le lecteur, intéressé par les polyèdres étoilés en dimension 3, feuillettera avec plaisir le livre de M.J. WENNINGER, Polyhedron Models. Il y trouvera une petite galaxie de polyèdres étoilés et même un patron pour la réalisation effective de l'étoile de KEPLER.

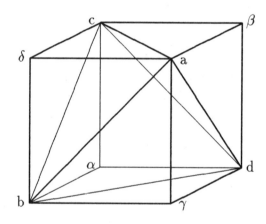

Chapitre 5
Les outils ; premières applications

5.1 Les résultats de base sur les représentations linéaires complexes des groupes finis

Le vocabulaire et les notions introduits dans le chapitre précédent permettent d'énoncer, sans commentaires supplémentaires, les résultats que nous avons en vue. On note toujours : G un groupe fini, γ son ordre, $\rho_i : G \to GL(W_i)$, $i \in S$, un système de représentants de ses différentes classes d'équivalence de représentations complexes, irréductibles et de degré fini et enfin χ_i, $i \in S$, les caractères correspondants. On munit l'espace vectoriel $\mathcal{F}(G)$, des fonctions complexes définies sur G, de la structure hermitienne donnée par le produit scalaire :

$$\langle \varphi, \psi \rangle = \frac{1}{\gamma} \sum_{g \in G} \overline{\varphi(g)} \psi(g), \ \varphi, \ \psi \in \mathcal{F}(G).$$

Cet espace vectoriel a pour dimension γ. Soit $\rho : G \to GL(V)$ une représentation linéaire de degré fini ; c'est, rappelons-le, une somme directe de sous-représentations irréductibles. L'énoncé qui suit rassemble les premiers résultats clés de la théorie.

Théorème 5.1 — *Avec les notations qui précèdent on a les propriétés suivantes.*
1. L'ensemble S est fini et son cardinal égale le nombre s des classes de conjugaison de G.
2. Les caractères irréductibles χ_i, $i \in S$, constituent une base orthonormale du sous-espace de $\mathcal{F}(G)$ formé des fonctions constantes sur les classes de conjugaison de G. Cette propriété se traduit par l'orthogonalité des lignes du tableau T_G des caractères irréductibles de G.
3. Deux colonnes distinctes du tableau T_G sont orthogonales pour le produit scalaire usuel de $\mathbb{C}^s$. De plus, on a :

$$\sum_{i \in S} \chi_i(Id)^2 = \sum_{i \in S} (\deg(\rho_i))^2 = \gamma.$$

Et plus généralement :
$$\sum_{i \in S} |\chi_i(g)|^2 = \frac{\gamma}{|\bar{g}|}$$

où $|\bar{g}|$ désigne le nombre des éléments de la classe de conjugaison $\bar{g}$ de $g \in G$.
4. Enfin soit
$$V = \bigoplus_{i,j} W_{i,j},\ W_{i,0} = \{0\},\ i \in S,\ j = 0 \ldots j_i,$$

une décomposition, en somme directes de représentations irréductibles, de la représentation linéaire ρ ; on suppose de plus que la restriction de la représentation ρ au sous-espace $W_{i,j}$, $j > 0$, équivaut à ρ_i. Alors les entiers j_1, $j_2 \ldots j_s$ sont indépendants de la décomposition ; il en est de même des sous-espaces
$$V_i = \bigoplus_{j=0 \ldots j_i} W_{i,j},\ i \in S.$$

Le sous-espace V_i du théorème, qui regroupe toutes les sous-représentations irréductibles de V équivalentes à ρ_i, est appelé le composant isotypique de la représentation ρ, de type ρ_i.

5.1.1 Les relations d'orthogonalité

La démonstration du théorème ne se déroule pas aussi simplement que l'énoncé des propriétés pourrait le suggérer. L'outil de base est un résultat général de la théorie des modules, connu sous le nom de lemme de SCHUR, dans une variante adaptée à la situation.
Soient $\rho_i : G \to GL(V_i)$, $i = 1, 2$, deux représentations linéaires du groupe G et $f : V_1 \to V_2$ une application linéaire. Nous dirons que f est compatible avec les représentations si la condition suivante est satisfaite :
$$f(\rho_1(g)(v_1)) = \rho_2(g)(f(v_1)),\ g \in G,\ v_1 \in V_1.$$

(Dans un langage plus savant on dit que f est un morphisme de G-modules.)
Lemme 5.2 (Lemme de Schur) — *Soient $\rho_i : G \to GL(V_i)$, $i = 1, 2$, deux représentations linéaires irréductibles d'un groupe fini G et $f : V_1 \to V_2$ un morphisme compatible avec les deux représentations ; si les deux représentations ne sont pas équivalentes alors $f = 0$; sinon f est un isomorphisme et, en identifiant V_1 et V_2 au moyen de f on peut supposer que $V_1 = V_2$ et $\rho_1 = \rho_2$ et on a alors $f = \lambda Id$, $\lambda \in \mathbb{C}$.*

Démonstration du lemme. La première partie du lemme découle du fait que, pour un morphisme compatible, le noyau et l'image sont des sous-espaces vectoriels stables pour les représentations respectives. L'application f ne peut donc être injective (sinon f serait un isomorphisme et les représentations seraient équivalentes) ; elle est donc nécessairement nulle. Pour la seconde partie du lemme on observe d'abord, puisque le corps est algébriquement clos, que f admet au moins une valeur propre. Le sous-espace propre, associé à cette valeur propre, est stable par la représentation. Il coïncide donc avec l'espace tout entier; d'où le fait que f est une homothétie. □

Nous allons maintenant traduire le lemme de SCHUR par des relations algébriques. A cet effet choisissons une base pour chacun des espaces V_1 et V_2. Notons $(r_{i_1,j_1}(g))$ et $(r_{i_2,j_2}(g))$ les matrices représentant alors les automorphismes $\rho_1(g)$ et $\rho_2(g)$ pour chaque $g \in G$. Soit maintenant $f : V_1 \to V_2$ une application linéaire. On note $(f) = (a_{i_2,j_1})$ la matrice représentative de f dans ces bases. L'application linéaire

$$\tilde{f} = \sum_{g \in G} \rho_2^{-1}(g) \circ f \circ \rho_1(g)$$

est compatible avec les représentations. Le terme général de sa matrice dans les bases choisies est :

$$\tilde{a}_{i_2 j_1} = \sum_{g, k_1, k_2} r_{i_2, k_2}(g^{-1}) \, a_{k_2, k_1} \, r_{k_1, j_1}(g), \; 1 \leq j_1 \leq \dim(V_1), \; 1 \leq i_2 \leq \dim(V_2).$$

(Les indices 1 et 2 se rapportent respectivement à la première et à la seconde représentation.)

On suppose les deux représentations ρ_1 et ρ_2 irréductibles et on particularise l'application f en retenant pour homomorphismes f ceux qui ont pour matrices, dans les bases choisies, les matrices élémentaires. Deux situations se présentent.

1. Dans le cas où les représentations ne sont pas équivalentes l'application $\tilde{f}$ est nulle (lemme de SCHUR). Ce qui, dans notre cas particulier, donne :

$$\sum_{g \in G} r_{i_2, j_2}(g^{-1}) r_{i_1, j_1}(g) = 0, \; 1 \leq i_1, j_1 \leq \dim(V_1), \; 1 \leq i_2, j_2 \leq \dim(V_2).$$

2. Maintenant on suppose les deux représentations équivalentes. On pose donc : $V_1 = V_2 = V$ et $\rho_1 = \rho_2 = \rho$. D'après le lemme de SCHUR l'application $\tilde{f}$ est une homothétie. Appliqué aux différentes matrices élémentaires on est conduit aux relations :

$$\sum_{g \in G} r_{i,j}(g^{-1}) r_{k,l}(g) = 0, \text{ si } i \neq l \text{ ou } j \neq k, \; 1 \leq i,j,k,l \leq \dim(V).$$

$$\sum_{g \in G} r_{i,j}(g^{-1}) r_{j,i}(g) = \frac{\gamma}{\dim(V)}, \; 1 \leq i,j \leq \dim(V),$$

Pour se convaincre de la dernière famille de relations, il suffit de se souvenir des propriétés de la trace, en particulier de son invariance par changement de base. Nous allons donner une expression plus agréable à ces relations en utilisant, sur l'espace vectoriel $\mathcal{F}(G)$, la forme bilinéaire symétrique :

$$(\varphi, \psi) = \frac{1}{\gamma} \sum_{g \in G} \varphi(g^{-1}) \psi(g), \; \varphi, \psi \in \mathcal{F}(G).$$

Dans le cas où les deux représentations ne sont pas équivalentes les fonctions r_{i_1,j_1} et r_{i_2,j_2} sont donc orthogonales pour la forme bilinéaire (,) ; c'est-à-dire que l'on a :

$$(r_{i_1,j_1}, r_{i_2,j_2}) = 0, \ 1 \leq i_1, j_1 \leq \dim(V_1), \ 1 \leq i_2, j_2 \leq \dim(V_2).$$

(D'où l'expression : relations d'orthogonalité.)
Dans l'autre cas on a les deux familles d'égalités :

$$(r_{i_1,j_1}, r_{j_2,i_2}) = 0, \ \text{si } i_1 \neq i_2 \text{ ou } j_1 \neq j_2, \ 1 \leq i_1, j_1, i_2, j_2 \leq \dim(V_1),$$

$$(r_{i_1,j_1}, r_{j_1,i_1}) = \frac{1}{\dim(V_1)}, \ 1 \leq i_1, j_1 \leq \dim(V_1).$$

On observera la similitude qu'il y a entre la forme bilinéaire et le produit scalaire hermitien défini plus haut. Ces deux formes coïncident, en particulier, lorsque $\varphi(g^{-1}) = \overline{\varphi(g)}$; ceci se produit dans le cas où la fonction φ est un caractère. On voit que, si les bases utilisées sont orthonormales pour un produit scalaire hermitien invariant par les représentations, alors :

$$(r_{i_1,j_1}, r_{i_2,j_2}) = \langle r_{j_1,i_1}, r_{i_2,j_2} \rangle.$$

Nous nous servirons de cette remarque, très importante, avec les caractères ; car la trace d'un endomorphisme est indépendante du mode de calcul utilisé pour la déterminer.

5.1.2 Éléments pour une démonstration du théorème

La justification du théorème va découler des résultats suivants.

Proposition 5.3 — *Les différents caractères irréductibles χ_i, $i \in S$, du groupe G forment un système orthonormal de fonctions de l'espace vectoriel hermitien $\mathcal{F}(G)$.*

Démonstration. Soient ρ_i, $i = 1, 2$, deux représentations irréductibles de G, χ_i, $i = 1, 2$, les caractères associés et $(r_{k_i,l_i}(g))$ des matrices représentatives des automorphismes $\rho_i(g)$. On a

$$\chi_i(g) = \sum_{k_i} r_{k_i,k_i}(g), \ i = 1, 2, \ g \in G.$$

On en déduit, lorsque ρ_1 et ρ_2 ne sont pas équivalentes, les relations d'orthogonalité :

$$\langle \chi_1, \chi_2 \rangle = (\chi_1, \chi_2) = \sum_{i_1, i_2} (r_{i_1,i_1}, r_{i_2,i_2}) = 0$$

Dans le cas où $\rho_1 = \rho_2$ on a :

$$\langle \chi_1, \chi_1 \rangle = (\chi_1, \chi_1) = \sum_{i_1, j_1} (r_{i_1,i_1}, r_{j_1,j_1}) = \sum_{i_1} (r_{i_1,i_1}, r_{i_1,i_1}) = 1. \ \square$$

On déduit de la proposition :

Corollaire 5.4 — *1. L'ensemble S est fini et son cardinal est majoré par le nombre s des classes de conjugaison du groupe G.*
2. Les lignes du tableau T_G des caractères irréductibles sont orthonormales à condition de tenir compte de l'effectif de chacune des classes de conjugaison.

On n'oubliera pas, en faisant le produit scalaire de lignes du tableau, la conjugaison et la division par γ. D'autre part, on entend par caractère irréductible un caractère associé à une représentation irréductible ; comme dans les exemples traités au chapitre 4 chaque ligne du tableau T_G représente les valeurs d'un caractère irréductible sur les différentes classes de conjugaison de G.
Le corollaire découle du fait que, dans un espace hermitien, des vecteurs tous non nuls et deux à deux orthogonaux forment un système libre et que les caractères irréductibles appartiennent au sous-espace de dimension s formé des fonctions sur G, constantes sur les classes de conjugaison.

Proposition 5.5 — *Si ρ est une représentation linéaire de G de caractère χ alors le nombre de ses composants irréductibles de type ρ_i, $i \in S$, est $\langle \chi, \chi_i \rangle$.*

Démonstration. En vertu du théorème 4.4 sur la décomposition d'une représentation en somme directe de représentations irréductibles on a :

$$\chi = \sum_{i \in S} m_i \chi_i, \ m_i \in \mathbb{N}.$$

On déduit donc, de l'orthonormalité des caractères irréductibles :

$$\langle \chi, \chi_i \rangle = m_i.$$

D'où la proposition 5.5. □

On a, de plus, l'importante formule sur la longueur de χ :

$$\langle \chi, \chi \rangle = \sum_{i \in S} m_i^2.$$

L'entier m_i est appelé la multiplicité du caractère χ_i dans le caractère χ ou de la représentation irréductible ρ_i dans la représentation ρ.

Corollaire 5.6 — *a. Une représentation linéaire $\rho : G \to GL(V)$ est irréductible si, et seulement si, son caractère χ vérifie $\langle \chi, \chi \rangle = 1$.*
b. Deux représentations linéaires du même groupe fini G sont équivalentes si, et seulement si, elles ont le même caractère.

Proposition 5.7 — *On a la formule :*

$$\gamma = \sum_{i \in S} (\mathrm{dg}(\rho_i))^2.$$

Démonstration. On utilise la représentation régulière ρ_r du groupe G en se souvenant que son caractère χ_r vérifie :

$$\chi_r(1) = \gamma, \ \chi_r(g) = 0, \ g \in G \setminus \{1\}.$$

Le calcul direct du produit scalaire à partir de sa définition donne :

$$\langle \chi_r, \chi_r \rangle = \gamma^2/\gamma = \gamma.$$

De la même façon on obtient la multiplicité du caractère χ_i dans le caractère χ_r :

$$\langle \chi_r, \chi_i \rangle = \mathrm{dg}(\rho_i) = \mathrm{dg}(\chi_i).$$

Et finalement, en procédant comme dans la proposition précédente pour la formule sur la longueur d'un caractère, on a bien :

$$\langle \chi_r, \chi_r \rangle = \gamma = \sum_{i \in S} (\mathrm{dg}(\rho_i))^2. \quad \square$$

Proposition 5.8 — *Les caractères irréductibles constituent une base du sous-espace vectoriel de $\mathcal{F}(G)$ des fonctions constantes sur les classes de conjugaison de G.*

Démonstration. Soit E le sous-espace des fonctions constantes sur les classes de conjugaison. On sait déjà, par la proposition 5.3, que les caractères irréductibles forment un système libre de fonctions de E. Notons F le sous-espace vectoriel engendré par les caractères irréductibles de G. L'idée de la démonstration est de vérifier que l'orthogonal $F^\perp$ de F dans E est réduit à $\{0\}$. Si f est une fonction de E et ρ une représentation linéaire de G d'espace vectoriel V, l'endomorphisme φ de V, défini par

$$\varphi = \frac{1}{\gamma} \sum_{g \in G} f(g) \rho(g),$$

est compatible avec la représentation. Si, de plus, la représentation ρ est irréductible alors, d'après le lemme de SCHUR, φ est une homothétie ; son rapport d'homothétie est :

$$\frac{1}{\dim(V)} \mathrm{Trac}(\varphi) = \frac{1}{\mathrm{dg}(\rho)} \langle \overline{f}, \chi \rangle.$$

En effet on a :

$$\mathrm{Trac}(\varphi) = \frac{1}{\gamma} \sum_{g \in G} f(g) \mathrm{Trac}(\rho(g)) = \frac{1}{\gamma} \sum_{g \in G} f(g) \chi(g) = \langle \overline{f}, \chi \rangle.$$

Supposons maintenant que f soit dans $F^\perp$. Pour chaque représentation irréductible ρ_i, $i \in S$, l'application φ_i associée est donc nulle. Il s'en suit que l'application φ, associée à une représentation quelconque ρ, est nulle. Utilisons à nouveau la représentation régulière. On a :

$$\varphi_r(e_1) = \frac{1}{\gamma} \sum_{g \in G} \overline{f}(g) \rho_r(g)(e_1) = \frac{1}{\gamma} \sum_{g \in G} \overline{f}(g) e_g = 0.$$

Les résultats de base sur les représentations des groupes finis   55

Et donc $f = 0$ puisque $\{e_g, g \in G\}$ est une base de l'espace de la représentation régulière. □

Corollaire 5.9 — *Le nombre s, des classes de conjugaison de G, est égal au cardinal de l'ensemble S, des classes de représentations linéaires irréductibles équivalentes du groupe G.*

Proposition 5.10 — *Les colonnes du tableau T_G sont orthogonales pour le produit scalaire usuel et la formule suivante donne la longueur d'une colonne de T_G :*
$$\frac{\gamma}{\operatorname{card}(\overline{g})} = \sum_{i=1\ldots s} |\chi_i(g)|^2.$$

Démonstration. Notons δ_g, $g \in G$ la fonction sur G, indicatrice de la classe de conjugaison de l'élément g. Exprimons cette indicatrice dans la base des caractères irréductibles :
$$\delta_g = \sum_{i \in S} \lambda_i(g) \chi_i.$$

Évaluons les scalaires $\lambda_i(g)$, $i \in S$.
$$\overline{\lambda_i(g)} = \langle \delta_g, \chi_i \rangle = \frac{\operatorname{card}(\overline{g})}{\gamma} \chi_i(g).$$

(On désigne toujours par $\overline{g}$ la classe de conjugaison de g.)
On en déduit :
$$\delta_g(h) = \sum_{i \in S} \frac{\operatorname{card}(\overline{g})}{\gamma} \overline{\chi_i}(g) \chi_i(h), \ h \in G.$$

Commençons par prendre h en dehors de la classe de conjugaison de g ; on a alors $\delta_g(h) = 0$. D'où la formule traduisant l'orthogonalité des colonnes de T_G :
$$\sum_{i \in S} \overline{\chi_i}(g) \chi_i(h) = 0.$$

Si maintenant h est dans la classe de conjugaison de g alors $\delta_g(h) = 1$. Voici la seconde formule :
$$\frac{\gamma}{\operatorname{card}(\overline{g})} = \sum_{i \in S} |\chi_i(g)|^2. \ \square$$

Soit $\rho : G \to GL(V)$ une représentation linéaire de caractère χ et
$$V = \bigoplus_{i,j} W_{i,j}, \ W_{i,0} = \{0\}, \ i \in S, \ j = 0, \ldots, j_i,$$

une décomposition de V en somme directe de sous-espaces stables par ρ et irréductibles. La restriction de ρ à un $W_{i,j}$ non nul est équivalente à ρ_i et l'indice j_i est la multiplicité de la représentation irréductible ρ_i dans la représentation linéaire ρ. On note :
$$V_i = \bigoplus_{j = 0, \ldots, j_i} W_{i,j}, \ i \in S.$$

Considérons maintenant l'endomorphisme p_i de V défini par :

$$p_i = \frac{\mathrm{dg}(\rho_i)}{\gamma} \sum_{g \in G} \overline{\chi}_i(g)\rho(g).$$

Cet endomorphisme est compatible avec la représentation ρ.

Proposition 5.11 — *Les sous-espaces vectoriels V_i, $i \in S$, ne dépendent pas de la décomposition de V choisie.*

Démonstration. Vérifions que V_i est l'image de p_i. On se souvient que la trace de la restriction de $\rho(g)$ à un $W_{i,j}$ non réduit à $\{0\}$ est $\chi_i(g)$. On observe que la restriction de p_i à un sous-espace irréductible non nul $W_{i,j}$ est, d'après le lemme de Schur, une homothétie de rapport 1. D'autre part, et toujours par le lemme de Schur, la restriction de p_i à un $W_{k,j}$, $k \neq i$, est nulle. En résumé p_i est un projecteur d'image V_i. D'où le caractère intrinsèque du sous-espace V_i, $i \in S$. □

Terminons ce paragraphe par quelques observations concernant des points évoqués au chapitre précédent.

D'abord nous voyons maintenant que les deux tableaux, dressés à l'occasion des exemples de représentations linéaires des groupes $\mathfrak{S}_3$ et $\mathfrak{S}_4$, sont bien les tables des caractères irréductibles de ces deux groupes.

Ensuite observons que si le groupe G admet une représentation ρ, irréductible de degré maximal supérieur à 1, la représentation $\rho \otimes \rho$ n'est pas irréductible pour des raisons évidentes de degré. Le produit tensoriel ne conserve donc pas l'irréductibilité en général. En revanche si χ_1 est un caractère de degré 1 et χ_2 un caractère quelconque, le caractère produit $\chi_1\chi_2$ a la même longueur que χ_2. Ce caractère produit sera donc irréductible si, et seulement si, il en est ainsi de χ_2. Ajoutons enfin que si $\rho : G \to GL_n(\mathbb{C})$ est une représentation linéaire de G, il en est de même de la représentation $\overline{\rho}$, obtenue par l'automorphisme de conjugaison du corps des nombres complexes ; d'où un caractère $\overline{\chi}$ déduit de tout caractère χ de G par la conjugaison dans le corps $\mathbb{C}$. Comme les caractères χ et $\overline{\chi}$ ont la même longueur on en déduit que, si l'un de ces deux caractères est irréductible, il en sera de même de l'autre[1].

5.2 Exemples

5.2.1 La représentation de permutation

Nous reprenons les notations introduites au chapitre 4. Le groupe G opère sur l'ensemble fini X. On note X^g l'ensemble des éléments de X invariants par g. La représentation de permutation ρ, de caractère χ, associée à cette opération, a pour espace vectoriel $V = \oplus_{x \in X} \mathbb{C} e_x$. Elle est définie par $\rho(g)(e_x) = e_{g.x}$. Les

---

[1] Cette dernière remarque peut s'appliquer avec tout automorphisme du sous-corps de $\mathbb{C}$ engendré par les valeurs d'un caractère irréductible.

Exemples

matrices représentatives des $\rho(g)$, $g \in G$, sont des matrices de permutations. On en déduit les valeurs du caractère χ.

Proposition 5.12 — *Soit χ le caractère d'une représentation de permutation; on a : $\chi(g) = |X^g|$, $g \in G$.*

Le caractère χ s'écrit, dans la base des caractères irréductibles de G, sous la forme $\chi = \sum_{i=1...s} m_i \chi_i$. Nous allons donner une interprétation géométrique pour l'entier m_1, multiplicité du caractère identité.

Proposition 5.13 — *La multiplicité m_1 du caractère identité est égale au nombre des orbites de X sous l'action du groupe G.*

Démonstration. On a $m_1 = \langle \chi, \chi_1 \rangle$. Calculons directement ce produit scalaire. Le symbole $\delta_{x,y}$ est celui de KRONECKER.

$$\langle \chi, \chi_1 \rangle = \frac{1}{\gamma} \sum_{g \in G} \text{Trac}(\rho(g)),$$

$$\langle \chi, \chi_1 \rangle = \frac{1}{\gamma} \sum_{g \in G} \sum_{x \in X} \delta_{x, g.x},$$

$$\langle \chi, \chi_1 \rangle = \frac{1}{\gamma} \sum_{x \in X} \sum_{g \in G} \delta_{x, g.x},$$

$$\langle \chi, \chi_1 \rangle = \frac{1}{\gamma} \sum_{x \in X} \text{Card}(\text{Stab}_G(x)).$$

Écrivons X comme réunion de ses différentes orbites :

$$X = \bigcup_{i=1}^{r} X_i.$$

On déduit de cette partition :

$$\langle \chi, \chi_1 \rangle = \frac{1}{\gamma} \sum_{i=1}^{r} (\sum_{x \in X_i} |\text{Stab}_G(x)|).$$

Si on se souvient maintenant que les stabilisateurs des points d'une même orbite sont conjugués on en déduit :

$$\langle \chi, \chi_1 \rangle = \frac{1}{\gamma} \sum_{i=1}^{r} |X_i|.|\text{Stab}_G(x)| = r. \quad \square$$

On note que, si l'opération de G est transitive, la multiplicité m_1 de la représentation identité dans la représentation de permutation est égale à 1. C'est le cas dans l'exemple, cité au chapitre 1, de la représentation de permutation du groupe symétrique $\mathfrak{S}_n$ opérant naturellement sur l'ensemble $\{1, \ldots, n\}$.

Nous allons maintenant donner une interprétation géométrique de la somme : $\sum_{i=1\ldots r} m_i^2$. L'opération de G sur X s'étend de façon évidente au produit $X \times X$. L'opération de permutation associée n'est autre que le produit tensoriel $\rho \otimes \rho$ dont le caractère est χ^2. Le caractère d'une représentation de permutation est toujours réel ; on a donc :
$$\langle \chi^2, 1 \rangle = \langle \chi, \chi \rangle.$$

On en déduit, avec l'aide de la proposition précédente :

Proposition 5.14 — *Soient m_i, $i = 1, \ldots, r$, la multiplicité des différents caractères irréductibles dans le caractère d'une représentation de permutation où le groupe fini G opère sur un ensemble fini X ; la somme $\sum_{i=1\ldots r} m_i^2$ est alors égale au nombre des orbites de $X \times X$ sous l'action de G.*

On observe que, dans le cas où l'opération de G sur X est transitive, la diagonale de $X \times X$ est une orbite. Si, de plus, cette opération est doublement transitive alors le complémentaire de la diagonale constitue une seule orbite. Dans ce dernier cas, puisqu'il n'y a qu'une façon de décomposer 2 en somme de carrés, la représentation de permutation ρ est somme directe de l'identité et d'une seconde représentation irréductible. On retrouve ainsi le résultat annoncé au chapitre 4 sur la représentation de permutation du groupe symétrique $\mathfrak{S}_n$.

5.2.2 Les caractères des groupes $\mathfrak{A}_4$ et $\mathfrak{D}_4$

Le groupe des déplacements du tétraèdre

Le groupe $\mathfrak{A}_4$ a 12 éléments. Trois sont d'ordre 2 (produits de deux transpositions à supports disjoints) et constituent une classe de conjugaison. Ces trois éléments engendrent le sous-groupe de KLEIN de $\mathfrak{A}_4$; ce sous-groupe est aussi le sous-groupe dérivé du groupe alterné. Il y aura donc trois caractères de degré 1 pour $\mathfrak{A}_4$. Il y a huit 3-cycles répartis en deux classes de conjugaison qui s'échangent par passage à l'inverse. Il reste donc un caractère de degré 3 ($12 = 1 + 1 + 1 + 3^2$). Or le groupe alterné $\mathfrak{A}_4$ est isomorphe au sous-groupe du groupe des déplacements de l'espace euclidien de dimension 3 qui stabilisent un tétraèdre régulier. C'est la représentation linéaire, irréductible, de degré 3 attendue. Voici donc le tableau des caractères irréductibles du groupe alterné $\mathfrak{A}_4$.

$\mathfrak{A}_4$	1	$((1,2)(3,4))_3$	$(1,2,3)_4$	$(1,3,2)_4$
Id	1	1	1	1
χ_j	1	1	j	j^2
χ_{j^2}	1	1	j^2	j
χ_3	3	-1	0	0

Rappelons au passage que les deux classes de conjugaison des 3-cycles se différencient géométriquement avec cette représentation ; si on décide d'orienter chacun des quatre axes ternaires du tétraèdre de la face vers le sommet opposé alors l'une des classes est constituée des rotations de $2\pi/3$, l'autre des rotations de $-2\pi/3$. Enfin, on peut montrer (cf. Annexe A, Exercice 16) que le groupe des automorphismes du groupe alterné $\mathfrak{A}_4$ est isomorphe au groupe symétrique $\mathfrak{S}_4$. Les automorphismes de $\mathfrak{A}_4$ ne sont autres que les 24 conjugaisons de $\mathfrak{S}_4$, restreintes au sous-groupe distingué $\mathfrak{A}_4$.

Le groupe du carré

Le groupe diédral $\mathfrak{D}_4$ est le groupe des isométries du plan euclidien qui stabilisent un carré. Il a huit éléments. Quatre déplacements parmi lesquels deux rotations de $\pm\frac{\pi}{2}$ (qui constituent une classe de conjugaison) et la symétrie par rapport au centre du carré. Cette homothétie, de rapport -1, engendre le centre du groupe diédral ; ce centre coïncide avec le groupe dérivé. Comme le groupe quotient $\mathfrak{D}_4/\{\pm 1\}$ est isomorphe au groupe de KLEIN, on en déduit l'existence de quatre caractères de degré 1. Les quatre autres éléments de degré deux se répartissent en deux classes de conjugaison. D'une part les deux symétries par rapport aux médiatrices des côtés du carré ; d'autre part les symétries par rapport aux deux diagonales. Ici aussi ces deux classes de conjugaison peuvent se différencier par un argument géométrique : les éléments de la première classe ne fixent aucun des sommets du carré tandis que ceux de la seconde en fixent chacun deux. On a, au total, cinq classes de conjugaison. La définition géométrique de $\mathfrak{D}_4$, comme une représentation linéaire, fournit le dernier caractère irréductible de degré 2 et on a bien : $8 = 1 + 1 + 1 + 1 + 2^2$. Voici la table des caractères irréductibles du groupe $\mathfrak{D}_4$, où r désigne la rotation de $\pi/2$, s une symétrie axiale.

$\mathfrak{D}_4$	1	-1	$(r)_2$	$(s)_2$	$(rs)_2$
Id	1	1	1	1	1
χ_1	1	1	-1	-1	1
χ_1'	1	1	-1	1	-1
χ_1''	1	1	1	-1	-1
χ_2	2	-2	0	0	0

Profitons encore de la situation pour rappeler que $\mathfrak{D}_4$ est engendré par r et s satisfaisant aux relations caractéristiques $r^4 = s^2 = (rs)^2 = 1$; il est aussi le produit semi-direct de son sous-groupe des rotations par l'un quelconque des quatre sous-groupes d'ordre 2 engendré par l'une des symétries-droite.

On peut aussi montrer (cf. Annexe A, Exercice 13), que le groupe des automorphismes de $\mathfrak{D}_4$ est isomorphe à $\mathfrak{D}_4$. On notera que le sous-groupe des automorphismes intérieurs est, lui, isomorphe au groupe de KLEIN.

Nous déterminerons plus loin (cf. Chapitre 7, Paragraphe 1.2), lorsque nous disposerons de la technique des représentations induites, les caractères irréductibles du groupe diédral plus général $\mathfrak{D}_n$.

5.2.3 Le groupe des quaternions

Le corps $\mathbb{H}$ des quaternions[2] s'identifie à la sous-algèbre de $gl_2(\mathbb{C})$ formée des matrices de la forme :
$$\begin{pmatrix} z_1 & z_2 \\ -\bar{z}_2 & \bar{z}_1 \end{pmatrix}, \; z_1, \, z_2 \in \mathbb{C}.$$
Le groupe $\mathfrak{Q}$ des quaternions est le sous-groupe du groupe multiplicatif $\mathbb{H}^*$ formé des huit matrices suivantes :
$$\left\{ \pm Id, \; \pm I = \pm i \begin{pmatrix} 1 & 0 \\ 0 & -1 \end{pmatrix}, \; \pm J = \pm \begin{pmatrix} 0 & 1 \\ -1 & 0 \end{pmatrix}, \; \pm K = \pm i \begin{pmatrix} 0 & 1 \\ 1 & 0 \end{pmatrix} \right\}.$$
Son treillis des sous-groupes est :

$$\begin{array}{ccccc}
 & & \mathfrak{Q} & & \\
 & \nearrow & \uparrow & \nwarrow & \\
<I> & & <J> & & <K> \\
 & \nwarrow & \uparrow & \nearrow & \\
 & & \{\pm Id\} & & \\
 & & \uparrow & & \\
 & & \{Id\} & &
\end{array}$$

Le sous-groupe $\{\pm Id\}$ est aussi le groupe dérivé $\mathfrak{Q}'$ et le quotient $\mathfrak{Q}/\mathfrak{Q}'$ est isomorphe au groupe de KLEIN. On en déduit les quatre caractères de degré 1. La représentation des quaternions par des matrices 2×2 fournit une représentation irréductible de degré 2 de $\mathfrak{Q}$; d'où le caractère irréductible χ_2 de degré 2. Les cinq classes de conjugaison de $\mathfrak{Q}$ sont représentées par :
$$\{Id, \; -Id, \; I, \; J, \; K\}.$$
La table des caractères est maintenant :

$\mathfrak{Q}$	1	-1	$(I)_2$	$(J)_2$	$(K)_2$
Id	1	1	1	1	1
χ_1	1	1	-1	-1	1
χ_1'	1	1	1	-1	-1
χ_1''	1	1	-1	1	-1
χ_2	2	-2	0	0	0

On observera l'égalité des tables des caractères irréductibles des groupes non isomorphes $\mathfrak{D}_4$ et $\mathfrak{Q}$. Nous retrouverons au chapitre 5 une situation analogue avec deux types de groupes d'ordre p^3, p premier impair. La table des caractères irréductibles d'un groupe fini n'est donc pas caractéristique de ce groupe.

---

[2]Les quaternions ont été introduits par HAMILTON ; ceux de déterminant 1 s'interprètent comme des rotations de $\mathbb{R}^3$.

5.2.4 Un dernier exemple : le groupe dicyclique d'ordre 12

Traitons, pour terminer et pour mettre en valeur les méthodes développées jusqu'à présent, la recherche d'une table des caractères irréductibles, sans informations géométriques préalables sur le groupe. Le groupe des automorphismes de $\mathbb{Z}/3\mathbb{Z}$ est isomorphe à $\mathbb{Z}/2\mathbb{Z}$. On en déduit, par passage au quotient, un morphisme de groupes
$$\mathbb{Z}/4\mathbb{Z} \to \mathrm{Aut}(\mathbb{Z}/3\mathbb{Z}).$$

D'où un groupe G d'ordre 12, produit semi-direct de $\mathbb{Z}/3\mathbb{Z}$ par $\mathbb{Z}/4\mathbb{Z}$ associé à ce morphisme (G n'est pas commutatif). On note $H = <a>$ le sous-groupe cyclique de G, distingué et d'ordre 3 et $K = <b>$ un sous-groupe cyclique de G d'ordre 4. Le groupe G est engendré par a et b ; ces générateurs satisfont les relations :
$$a^3 = b^4 = 1, \ bab^{-1} = a^2.$$

D'où : $G = \{a^\alpha b^\beta, \ \alpha = 0, \ 1, \ 2, \ \beta = 0, \ldots, 3\}^3$.

Le centre de G est $<b^2>$, le sous-groupe d'ordre 2 de K. Le sous-groupe dérivé de G est H. Les classes de conjugaison des éléments qui n'appartiennent pas au centre de G sont :

$$\{a, \ a^2\}, \ \{ab^2, \ a^2b^2\}, \ \{b, \ ab, \ a^2b\}, \ \{b^3, \ ab^3, \ a^2b^3\}.$$

Ces deux dernières classes s'échangent par passage à l'inverse.
(Les éléments ab^2 et a^2b^2 sont d'ordre 6 ; G n'est donc pas isomorphe à $\mathfrak{A}_4$.)
Pour terminer donnons les trois sous-groupes de 2-SYLOW de G :

$$S_1 = K = <b>, \ S_2 = \{1, \ b^2 \ ab, \ ab^3\}, \ S_3 = \{1, \ b^2, \ a^2b, \ a^2b^3\}.$$

(Notons que S_1, sous-groupe de 2-SYLOW de G, n'est pas isomorphe au groupe de KLEIN V_4 ; aussi G n'est pas isomorphe à $\mathfrak{D}_6$.)
Nous déduisons, des observations précédentes, les quatre caractères de degré 1 du groupe. Mais $1 + 1 + 1 + 1 + 2^2 + 2^2$ reste la seule possibilité d'écrire 12 comme somme de carrés. Nous avons la confirmation de l'existence de six caractères irréductibles et l'assurance que deux seront de degré 2. L'étude de la représentation de permutation définie par la conjugaison sur les trois sous-groupes de 2-SYLOW conduit au caractère χ_3, dont les valeurs sont recensées dans le tableau suivant.

G	1	(b^2)	$(a)_2$	$(ab^2)_2$	$(b)_3$	$(b^3)_3$
χ_3	3	3	0	0	1	1

Comme $\langle \chi_3, \chi_3 \rangle = 2 = 1 + 1$ on en déduit $\chi_3 = Id + \chi_2$ où ce nouveau caractère χ_2 est irréductible et de degré 2. Le second caractère de degré 2 se déduit du

---
[3] Il s'agit du groupe Z-S-métacyclique, de type $(2,2,3)$, dans la classification de COXETER [4, Chapitre 1] ; il est également défini par deux générateurs, x et y, qui satisfont $x^3 = y^2 = (xy)^2$.

premier par tensorisation avec un caractère de degré 1, comme le montre le tableau suivant.
(On peut aussi l'obtenir, par passage au quotient, à partir du caractère de degré 2 du groupe $\mathfrak{D}_3 \simeq G/\mathrm{Cent}(G)$.)

G	1	(b^2)	$(a)_2$	$(ab^2)_2$	$(b)_3$	$(b^3)_3$
Id	1	1	1	1	1	1
χ_1	1	1	1	1	-1	-1
χ_1'	1	-1	1	-1	i	-i
χ_1''	1	-1	1	-1	-i	i
χ_2	2	2	-1	-1	0	0
χ_2'	2	-2	-1	1	0	0

On peut vérifier que le sous-groupe du groupe spécial unitaire SU_2, engendré par les deux matrices

$$\begin{pmatrix} 0 & -1 \\ 1 & 0 \end{pmatrix} \quad , \quad \begin{pmatrix} -(1/2) & i(\sqrt{3}/2) \\ i(\sqrt{3}/2) & -(1/2) \end{pmatrix},$$

est isomorphe à G (voir aussi l'annexe A, exercice 14). On est en présence d'une représentation fidèle, irréductible et de degré 2 de G ; son caractère est χ_2'. On observera que le caractère χ_2 n'est pas fidèle puisque $\chi_2(b^2) = 2$.
(On parle de caractère fidèle lorsqu'une représentation linéaire associée l'est ; on rappelle aussi qu'une matrice unitaire, dont le module de la trace égale l'ordre de la matrice, est une matrice d'homothétie ; si, de plus, la trace égale l'ordre il s'agit alors de la matrice Id.)

Chapitre 6
Propriétés d'intégralité des caractères

Déjà au premier chapitre nous avons observé que les valeurs propres des automorphismes intervenant dans les représentations linéaires des groupes finis étaient des racines de l'unité et donc des entiers algébriques. Nous en déduisons que les caractères de ces représentations sont aussi à valeurs dans l'anneau des entiers algébriques en vertu des propriétés que nous allons rappeler. Ces propriétés d'intégralité des caractères ne sont pas innocentes comme nous allons le constater sur deux exemples importants.

6.1 Entiers algébriques

Définition 6.1 — *Un nombre complexe x est dit entier algébrique s'il existe un polynôme $P \in \mathbb{Z}[X]$, normalisé (c'est-à-dire dont le coefficient dominant égale 1) tel que $P(x) = 0$.*

Ainsi les entiers naturels, les racines $n^{\text{ièmes}}$ de l'unité ou le nombre d'or sont des entiers algébriques. Un nombre rationnel p/q, $p, q \in \mathbb{Z}$, $(p, q) = 1$, est entier algébrique si, et seulement si, $q = \pm 1$. Le premier résultat important, dont nous nous servirons, caractérise les entiers algébriques[1].

Proposition 6.2 — *Les trois propriétés suivantes sont équivalentes :*
a. Le nombre complexe x est un entier algébrique,
b. Le groupe abélien $\mathbb{Z}[x]$ est de type fini,
c. Il existe un sous-groupe abélien M, du groupe additif du corps $\mathbb{C}$ des nombres complexes, de type fini et contenant le sous-groupe $\mathbb{Z}[x]$.

La démonstration de cette proposition ne présente aucune difficulté si on se souvient qu'un sous-groupe d'un groupe abélien de type fini est encore de type

---
[1] Pour d'autres propriétés sur les entiers algébriques on pourra commencer par consulter le petit livre de PIERRE SAMUEL [16, Chapitre 2] sur la théorie des nombres algébriques.

fini. Une conséquence de cette caractérisation est que l'ensemble des entiers algébriques est un sous-anneau de la clôture algébrique $\overline{\mathbb{Q}}$ de $\mathbb{Q}$
Traitons un exemple qui nous sera utile, au paragraphe 5, dans la démonstration du théorème de BURNSIDE.

Proposition 6.3 — *Soient x_i, $i = 1, \ldots, n$ des racines de l'unité. Supposons le nombre complexe $\lambda = (\sum_{i=1}^{n} x_i)/n$ entier algébrique; alors de deux choses l'une ou tous les x_i sont égaux entre eux ou $\lambda = 0$.*

En effet le polynôme minimal normalisé M_λ, sur le corps $\mathbb{Q}$ des nombres rationnels, du nombre algébrique λ, est à coefficients entiers (cette propriété est vraie pour tout nombre complexe, entier algébrique, comme on le vérifie facilement). Ce nombre λ ayant un module au plus égal à 1 il en est de même des autres racines de M_λ (c'est-à-dire de ses conjugués). Et donc aussi du produit de ces racines qui, de plus, doit être un entier naturel. Si λ n'est pas nul alors on a $\lambda = \pm 1$. On est donc dans la situation bien connue de n points sur le cercle trigonométrique dont le barycentre est lui-même aussi sur le cercle trigonométrique. Les points d'affixe x_i, $i = 1, \ldots, n$, sont donc tous confondus avec ce barycentre. D'où le résultat.□
Dans la définition que nous avons donnée des entiers algébriques on peut remplacer le corps $\mathbb{C}$ des nombres complexes par une $\mathbb{Z}$-algèbre commutative. La caractérisation des entiers algébriques de l'algèbre reste valable. Nous allons appliquer cette remarque au centre de l'algèbre du groupe G que nous allons d'abord définir.
N.B. Pour se familiariser avec les entiers algébriques on pourra rechercher les entiers algébriques de certains corps de nombres; en particulier ceux des corps quadratiques (cf. Annexe C, Exercice 1).

6.2 L'algèbre d'un groupe fini

Nous avons déjà utilisé l'algèbre $\mathcal{F}(G)$ des fonctions sur G à valeurs dans le corps des nombres complexes. Son espace vectoriel sous-jacent, de dimension γ, peut être muni, au moyen de la loi de groupe sur G, d'une seconde structure d'algèbre[2]. Cette nouvelle algèbre sera notée $\mathbb{C}[G]$. La base de l'espace vectoriel sous-jacent, que nous utilisions, était formée des indicatrices des éléments de G. Les éléments de cette base seront maintenant notés (plus simplement) g, $g \in G$. On identifie donc les éléments de l'algèbre du groupe à des sommes formelles :

$$\mathbb{C}[G] = \{\sum_{g \in G} \lambda_g g, \ \lambda_g \in \mathbb{C}\}.$$

La multiplication dans $\mathbb{C}[G]$ est définie à partir des produits des éléments de la base. Ces produits ne sont autres que les composés de ces éléments de base dans le groupe G. Cette nouvelle algèbre s'identifie agréablement à un produit

---
[2]L'espace vectoriel sous-jacent a aussi été utilisé avec la représentation régulière.

d'algèbres de matrices. Comme d'habitude $M_n(\mathbb{C})$ désigne l'algèbre des matrices carrées $n \times n$ à coefficients dans $\mathbb{C}$. On note

$$\rho_i : G \to M_{n_i}(\mathbb{C}), \ i = 1, \ldots, s,$$

une famille de représentants matriciels des différentes classes de représentations irréductibles du groupe fini G et n_i, $i = 1, \ldots, r$ leur degré respectif. Soient $\tilde{\rho}_i : \mathbb{C}[G] \to M_{n_i}(\mathbb{C})$, les prolongements linéaires des morphismes ρ_i, $i = 1, \ldots, s$. On a alors le résultat suivant :

Proposition 6.4 — *L'algèbre $\mathbb{C}[G]$ du groupe fini G est isomorphe à l'algèbre produit des algèbres de matrices $M_{n_i}(\mathbb{C})$:*

$$\tilde{\rho} \ : \ \mathbb{C}[G] \xrightarrow{\sim} \prod_{i=1}^{s} M_{n_i}(\mathbb{C}), \ \tilde{\rho} = (\tilde{\rho}_1, \ldots, \tilde{\rho}_s).$$

Démonstration. On observe déjà que les deux algèbres considérées ont la même dimension $\gamma = \sum_{i=1}^{s} n_i^2$. Il reste à montrer, par exemple, que l'application ρ est surjective. S'il n'en est pas ainsi l'image de ρ est contenue dans un hyperplan. C'est-à-dire qu'il existe des scalaires $\lambda_{i,j,k} \in \mathbb{C}$, non tous nuls, conduisant à une relation du type

$$\sum_{i,j,k} \lambda_{i,j,k} r_{i,j,k}(g) = 0, \ g \in G,$$

où $r_{i,j,k}(g)$ désigne le terme général de la matrice $\rho_i(g)$. On déduit de cette dernière relation les relations suivantes :

$$\sum_{g \in G} \sum_{i,j,k} \lambda_{i,j,k} r_{i,j,k}(g) r_{i_0,k_0,j_0}(g^{-1}) = 0,$$

pour tout triplet (i_0, j_0, k_0). En utilisant maintenant les relations d'orthogonalité il vient la contradiction :

$$\frac{\gamma}{n_{i_0}} \lambda_{i_0,j_0,k_0} = 0. \quad \square$$

Voici une conséquence immédiate mais importante de la proposition 6.4. Soient C_i, $i = 1, \ldots, s$, les différentes classes de conjugaison de G.

Corollaire 6.5 — *Le centre, $\mathrm{Cent}(\mathbb{C}[G])$, de l'algèbre du groupe G est de dimension s et une base du sous-espace vectoriel sous-jacent est donnée par l'ensemble des éléments suivants :*

$$\{z_i = \sum_{g \in C_i} g, \ i = 1, \ldots, s\}.$$

Pour la démonstration de la première partie il suffit de se souvenir que le centre de $M_n(\mathbb{C})$ est formé des matrices scalaires ; la justification de la seconde partie est un simple constat, compte tenu de l'indépendance linéaire des z_i, $i = 1, \ldots, s$, et de leur effectif s. $\quad \square$

6.3 Une propriété du degré d'une représentation irréductible

Théorème 6.6 — *Les degrés des représentations irréductibles d'un groupe fini sont des diviseurs de l'ordre du groupe.*

Démonstration. C'est un résultat de formulation très simple mais qui a ses racines dans les propriétés d'intégralité des caractères. Nous allons établir que si γ désigne l'ordre du groupe G et n_i le degré d'une représentation irréductible alors le nombre rationnel γ/n_i est un entier algébrique et donc un entier naturel. On commence par remarquer que les éléments de la base proposée pour $\text{Cent}(\mathbb{C}[G])$ sont des entiers algébriques car le groupe $\mathbb{Z}[z_1, \ldots, z_s]$ est un groupe abélien de type fini. On en déduit que si α_i, $i = 1, \ldots, s$, sont des nombres complexes, entiers algébriques, tout élément de la forme $\sum_{i=1}^{s} \alpha_i z_i$ est un entier algébrique qui appartient aussi au centre de $\mathbb{C}[G]$. En particulier si χ_i est le caractère associé à la représentation ρ_i l'élément $\sum_{g \in G} \chi_i(g^{-1}) g$ est un entier algébrique. Il en est de même de son image, par l'application composée $\pi_i \circ \rho$, dans le centre de $M_{n_i}(\mathbb{C})$ identifié à $\mathbb{C}$ (on désigne par π_i la projection naturelle de $\prod_{i=1}^{s} M_{n_i}(\mathbb{C})$ sur $M_{n_i}(\mathbb{C})$). Or cette image n'est autre que :

$$\frac{1}{n_i} \sum_{g \in G} \chi_i(g^{-1}) \chi_i(g) = \frac{\gamma}{n_i}.$$

Ce dernier nombre étant rationnel et entier algébrique, on en déduit que le degré n_i divise l'ordre γ du groupe G. □

Le deuxième exemple, dont nous souhaitons parler, concerne un théorème de BURNSIDE sur les groupes résolubles. Commençons par un rappel de la définition et des propriétés élémentaires de ces groupes.

6.4 Groupes résolubles

La notion est due à E. GALOIS qui caractérisa par cette propriété le groupe associé à une équation algébrique résoluble par radicaux.
On note toujours $G' = G^{(1)}$, ou aussi $[G, G]$, le groupe dérivé de G. Plus généralement on pose $G^{(k)} = [G^{(k-1)}, G^{(k-1)}]$.

Définition 6.7 — *Un groupe G est dit résoluble s'il existe un entier positif k tel que $G^{(k)} = 1$.*

On constate facilement qu'un groupe abélien est résoluble, que $\mathfrak{S}_3$ est résoluble puisque son groupe dérivé est $\mathfrak{A}_3 \simeq \mathbb{Z}/3\mathbb{Z}$, plus généralement qu'un groupe d'ordre pq, p et q premiers, est aussi résoluble puisqu'un au moins de ses sous-groupes de SYLOW est distingué (si $p = q$ le groupe G est abélien). Ce dernier exemple est un cas particulier du théorème de BURNSIDE que nous avons en vue. Donnons d'abord une caractérisation classique des groupes résolubles.

Proposition 6.8 — *Pour qu'un groupe G soit résoluble il faut et il suffit qu'il existe une suite finie de sous-groupes H_i, $i = 0, \ldots, t$, $H_0 = \{1\}$, $H_t = G$, emboîtés et distingués les uns dans les autres ($H_i \triangleleft H_{i+1}$, $i = 0, \ldots, t-1$) et tels que tous les groupes quotients H_{i+1}/H_i, $i = 0, \ldots, t-1$, soient abéliens.*

La démonstration, très standard, de cette proposition est laissée au lecteur, de même que celle de l'affirmation suivante.

Proposition 6.9 — *Soit H un sous-groupe distingué d'un groupe G. Pour que G soit résoluble il faut et il suffit que H et G/H le soient.*

Une application immédiate de ce dernier résultat est qu'un groupe d'ordre p^n, p premier, est résoluble (il suffit de se souvenir qu'un p-groupe admet un centre non banal). Une autre application prouve d'abord que $\mathfrak{A}_4$ est résoluble (prendre pour H le sous-groupe de KLEIN $\mathfrak{V}_4$ de $\mathfrak{A}_4$); puis que $\mathfrak{S}_4$ est résoluble (cette fois $H = \mathfrak{A}_4$). Bien sûr tout groupe, même fini, n'est pas nécessairement résoluble comme le prouve l'exemple de $\mathfrak{A}_n$ pour $n \geq 5$ (on se reportera à l'appendice, à la fin de ce chapitre, pour une justification).

6.5 Un théorème de BURNSIDE

Voici d'abord une propriété d'intégralité qui nous sera utile dans la démonstration du théorème de BURNSIDE. Soient C une classe de conjugaison, de cardinal c, du groupe fini G et χ un caractère irréductible de G.

Proposition 6.10 — *Pour tout $g \in C$ le nombre complexe $c\chi(g)/\chi(1)$ est un entier algébrique.*

Démonstration. On raisonne comme dans la démonstration du Théorème 6.6. L'élément $\sum_{g \in C} g$ du centre de $\mathbb{C}[G]$ est un entier algébrique dont l'image dans l'algèbre des matrices associées au caractère χ est $c\chi(g)/\chi(1)$. □

Nous en déduisons une conséquence importante.

Corollaire 6.11 — *Soient C une classe de conjugaison de G, d'effectif c et χ un caractère irréductible de degré n tel que $(c, n) = 1$. Alors pour tout $g \in C$ le nombre complexe $\chi(g)/n$ est un entier algébrique et si, de plus, $\chi(g) \neq 0$, $\rho(g)$ est une homothétie.*

Démonstration. Il suffit, pour la première partie, d'utiliser la relation de BÉZOUT $uc + vn = 1$. La seconde partie a été établie au début de ce chapitre. □

Voici maintenant le Théorème de BURNSIDE annoncé.

Théorème 6.12 — *Soient p et q deux nombres premiers distincts et α et β deux entiers positifs ou nuls. Tout groupe fini d'ordre $p^\alpha q^\beta$ est résoluble.*

Démonstration. Le théorème est déjà vrai si l'ordre de G égale 1, p, q, p^α ou pq. Raisonnons par récurrence et supposons le théorème vrai pour tout couple (α, β) tel que le produit $p^\alpha q^\beta$ fasse au plus n. Soit alors un couple (α, β) pour lequel le produit $p^\alpha q^\beta$ est au plus égal à $n + 1$. Si le groupe G admet un centre non banal, ce centre sera résoluble (car abélien). Il en sera de même du groupe quotient de G par son centre (hypothèse de récurrence). Et donc aussi du groupe G (proposition 6.9). Il reste à examiner le cas où $\text{Cent}(G) = \{1\}$. Dans ce cas il existe une classe de conjugaison $C \neq \{1\}$ de G dont l'effectif c n'est pas un multiple de q (sinon $\gamma = 1 \mod q$, car le centre se réduit à l'élément neutre). On a donc nécessairement $c = p^a$, $a > 0$ (puisque le cardinal d'une classe de conjugaison est un diviseur de l'ordre du groupe). D'autre part il existe un caractère $\chi \neq 1$, irréductible, tel que pour tout $g \in C$ on ait $\chi(g) \neq 0$ et $\chi(1) \neq 0$, mod p. Sinon, dans le tableau des caractères irréductibles de G, la relation d'orthogonalité entre la première colonne et celle correspondant à la classe de conjugaison C donnerait

$$1 + \sum_{\chi \neq 1} \chi(g)\chi(1) = 0.$$

On en déduirait que $1/p$ serait un entier algébrique. Pour ce caractère χ on a donc $\deg(\chi) = q^b$, $b \geq 0$. Nous sommes dans les conditions d'application du dernier corollaire. En effet soit ρ une représentation de caractère χ. L'image de g par ρ est une homothétie (car $\chi(g) \neq 0$), c'est-à-dire qu'elle est dans le centre de $M_n(\mathbb{C})$. De plus $\text{Ker}(\rho) \neq G$ car $\chi \neq 1$. Enfin ρ n'est pas injectif sinon G posséderait un centre non banal. Aussi $\text{Ker}(\rho)$ est résoluble (d'après l'hypothèse de récurrence puisque $\text{Ker}(\rho)$ est distinct de G) ainsi que le groupe quotient $G/\text{Ker}(\rho)$ (toujours l'hypothèse de récurrence). On en déduit que G est résoluble. □

On observera l'usage fait de la théorie des caractères pour démontrer ce résultat de théorie des groupes. Nous avons eu besoin des propriétés profondes d'intégrité des caractères pour conclure. Ces retombées, non banales, de la théorie des caractères sont souvent soulignées.

6.6 Deux divertissements

Voici deux applications simples mais remarquables des propriétés d'intégralité des caractères [7, Chapitre 3]. Commençons par un rappel sur les corps cyclotomiques [12, Chapitre 4].

6.6.1 Des entiers algébriques dans les corps cyclotomiques

Soient n, $n \geq 1$, un entier naturel, K le corps de décomposition du polynôme $X^n - 1 \in \mathbb{Q}[X]$ et I le sous-ensemble suivant des entiers :

$$I = \{i \in \mathbb{N}, \; 1 \leq i \leq n, \; (n,i) = 1\}.$$

C'est un système complet de représentants du groupe multiplicatif $(\mathbb{Z}/n\mathbb{Z})^*$. Toutes les racines primitives $n^{\text{ièmes}}$ de l'unité sont toutes de la forme ω^i, $i \in I$, avec $\omega = \exp(2i\pi/n)$, et le corps K (dit corps cyclotomique d'indice n) est engendré par l'une quelconque d'entre elles (par exemple $K = \mathbb{Q}[\omega]$). L'effectif de I, donné par la fonction d'EULER, est $\varphi(n)$; cet entier est aussi le degré $[K:Q]$ de l'extension K de $\mathbb{Q}$ (rappelons que le polynôme cyclotomique $\Phi_n \in \mathbb{Z}[X]$ dont les racines dans $\mathbb{C}$ sont les racines primitives $n^{\text{ièmes}}$ de l'unité est irréductible sur $\mathbb{Q}$ [14, p. 167] ou [20, p. 175]). Les automorphismes de K (eux aussi au nombre de $\varphi(n)$) sont définis par $\theta_i(\omega) = \omega^i$, $i \in I$ et constituent le groupe de GALOIS de K sur Q (parmi ces automorphismes il y a la restriction au corps K de la conjugaison dans $\mathbb{C}$). Ce groupe de GALOIS est isomorphe à $(\mathbb{Z}/n\mathbb{Z})^*$ et son sous-corps des invariants est $\mathbb{Q}$.

La somme $\sum_{i \in I} \omega^i$ est un entier naturel puisque égale à l'opposé du coefficient de $X^{\varphi(n)-1}$ dans le polynôme cyclotomique Φ_n. En fait si ϖ est une racine $n^{\text{ième}}$ de l'unité (pas nécessairement primitive) on a le résultat plus général :

Proposition 6.13 — *Le nombre $\eta = \sum_{i \in I} \varpi^i$ est un entier relatif.*

Démonstration. On sait déjà que η est un entier algébrique. Nous allons montrer qu'il est aussi rationnel en vérifiant son invariance par les différents automorphismes de K. Or il existe un entier naturel et positif k tel que : $\varpi = \omega^k$. On a donc
$$\eta = \sum_{i \in I} \omega^{ki} = \sum_{i \in I} \theta_i(\omega^k).$$

On en déduit que η est invariant par les différents éléments θ_i, $i \in I$, du groupe de GALOIS de K sur $\mathbb{Q}$. □

Soient G un groupe cyclique d'ordre n, $A \subset G$ l'ensemble de ses générateurs et χ un caractère de G.

Proposition 6.14 — *Les nombres $\sum_{a \in A} \chi(a)$ et $\prod_{a \in A} \chi(a)$ sont des entiers relatifs.*

Démonstration. Il faut se souvenir que pour calculer $\chi(a)$ on utilise une représentation linéaire ρ, du groupe G, de caractère χ. L'endomorphisme $\rho(a)$ est diagonalisable et ses valeurs propres sont des racines $n^{\text{ièmes}}$ de l'unité. On constate alors que le premier nombre est une somme d'éléments de la forme η. Mais on peut aussi observer que $\theta_i(\chi(a)) = \chi(a^i)$. Il suffit alors de refaire le raisonnement précédent. Puisque $\chi(a)$ est entier algébrique il en est de même des deux nombres proposés. Ces nombres sont de plus invariants par les différents automorphismes de K. Ils sont donc entiers relatifs. □

Le résultat précédent se généralise. Soit χ un caractère d'un groupe fini G et $g \in G$ un élément d'ordre r où r est un diviseur de n. On a alors :

Corollaire 6.15 — *Les nombres $\sum_{i \in I} \chi(g^i)$ et $\prod_{i \in I} \chi(g^i)$ sont des entiers relatifs.*

La démonstration se fait sur le même schéma que les précédentes ; elle est laissée au lecteur à titre d'exercice.

6.6.2 Des entiers relatifs dans la table des caractères du groupe symétrique

Dans ce paragraphe I désigne le même ensemble que dans le paragraphe qui précède. Voici la première application annoncée :

Proposition 6.16 — *Les caractères du groupe symétrique sont à valeurs dans les entiers relatifs.*

Démonstration. On vient de voir que $\sum_{i \in I} \chi(g^i)$ est un entier relatif (avec $o(g)|n$). On peut même ajouter que si les g^i sont, de plus, des conjugués de g pour tout $i \in I$ alors $\chi(g)$ est lui-même un entier relatif. En effet $\chi(g) = (\sum_{i \in I} \chi(g^i))/(\varphi(n))$. Et on refait le raisonnement de l'entier algébrique rationnel. Mais les éléments du groupe symétrique satisfont cette propriété de conjugaison. Il suffit de se souvenir que si σ est un cycle de longueur r il en est de même de σ^r lorsque $(k, n) = 1$. D'où le résultat. □

6.6.3 Des zéros dans la table des caractères d'un groupe fini

Voici la seconde application :

Proposition 6.17 — *Tout caractère irréductible d'un groupe fini, de degré supérieur strictement à 1, s'annule au moins une fois.*

Démonstration. On raisonne par l'absurde et on suppose que le caractère irréductible χ d'un groupe fini G ne s'annule jamais. Le groupe G est réunion disjointe de parties du type $\{g^i, i \in I(g)\}$ où $I(g)$ désigne l'ensemble des entiers positifs, inférieurs à l'ordre de g et premiers à cet ordre. Retenons du corollaire précédent, puisque χ ne s'annule pas, l'inégalité : $|\prod_{i \in I} \chi(g^i)| \geq 1$. Ou encore sous une forme plus adaptée à notre problème :

$$\prod_{i \in I(g)} |\chi(g^i)|^2 \geq 1, \ g \in G.$$

Il découle alors de l'inégalité entre moyenne arithmétique et moyenne géométrique :

$$\frac{1}{|I(g)|} \sum_{i \in I(g)} |\chi(g^i)|^2 \geq \prod_{i \in I(g)} |\chi(g^i)|^{2/|I(g)|} \geq 1.$$

On en déduit :

$$\sum_{g \in G \setminus \{1\}} |\chi(g)|^2 \geq |G| - 1.$$

D'où une contradiction dès que $\chi(1) = \deg(\chi) > 1$. □

6.7 Appendice : la simplicité de $\mathfrak{A}_n$, $n \geq 5$

On rappelle qu'un groupe qui ne contient pas de sous-groupe distingué non banal est dit simple.

Proposition 6.18 — *Le groupe alterné $\mathfrak{A}_n$, $n \geq 5$, est simple.*

Démonstration. Nous commençons par prouver que si un sous-groupe distingué H de $\mathfrak{A}_n$ contient un 3-cycle alors il contient tous les 3-cycles. Supposons que le 3-cycle $(1,2,3)$ soit dans H. Conjuguons ce 3-cycle par la permutation

$$\sigma = \begin{pmatrix} 1 & 2 & 3 & 4 & 5 & \ldots \\ i & j & k & l & m & \ldots \end{pmatrix}$$

si celle-ci est paire, par la permutation composée $(l,m) \circ \sigma$ sinon. Dans les deux cas le résultat est le 3-cycle (i,j,k). D'où ce premier résultat. Montrons maintenant qu'un sous-groupe distingué H, $\{1\} \neq H \triangleleft \mathfrak{A}_n$, contient un 3-cycle. À cet effet nous considérons une permutation σ de H distincte de l'identité et de support minimal. Nous allons vérifier que σ est un 3-cycle. Décomposons σ en un produit de cycles à supports disjoints :

$$\sigma = c_1 \circ c_2 \circ \cdots \circ c_r.$$

Arrangeons-nous pour que les longueurs des cycles c_i décroissent lorsque i croît de 1 à r. Si $\sigma = c_1$ est un 3-cycle l'affaire est entendue. Sinon deux situations sont à envisagées :

a. On peut écrire $c_1 = (1,2,3,\ldots)$ (c'est-à-dire que le support de c_1 a au moins trois points). Mais $\sigma \neq (1,2,3)$; le support de σ contient donc nécessairement au moins 5 éléments (car un quatre-cycle est impair) ; à savoir par exemple 1, 2, 3, 4 et 5. Soit c le 3-cycle $c = (3,4,5)$. Le commutateur $c \circ \sigma^{-1} \circ c^{-1} \circ \sigma$ n'est pas l'identité puisque l'image de 2 est distincte de 2. De plus il laisse le point 1 fixe ainsi que tous les points que σ laissait déjà fixes. Le support de ce commutateur, élément de H, contredit le caractère minimal du support de σ.

b. On a $\sigma = (1,2) \circ (3,4) \cdots$. On procède de la même façon avec le même commutateur et on constate un phénomène analogue. Ce commutateur est différent de 1 puisque l'image de 3 est 5 ; de plus il laisse invariants les points 1 et 2.
La permutation σ est bien un 3-cycle. □

Remarques.
1. Le résultat précédent nous dissuade de vouloir étendre le théorème de BURNSIDE aux groupes dont l'ordre est divisible par trois nombres premiers distincts. En effet $\mathfrak{A}_5$ n'est pas résoluble car simple et non abélien. Son ordre est $2^2 \times 3 \times 5$.
2. On trouvera dans [6] d'autres exemples de groupes simples comme les groupes de MATHIEU avec la mention d'une belle application au code de GOLAY.

Voici un icosaèdre. Il s'agit du dual du dodécaèdre, commenté un peu plus loin. Ses sommets sont les centres des faces pentagonales d'un dodécaèdre régulier. Bien sûr en prenant les centres des faces de cet icosaèdre on retombe sur un dodécaèdre régulier. Noter, pour la construction, les deux pentagones réguliers, horizontaux et tête-bêche.

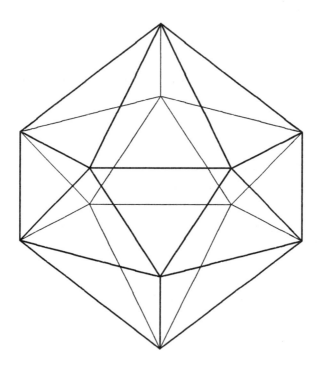

Chapitre 7
La représentation induite

7.1 Définition et existence

Jusqu'à présent nous nous sommes intéressés aux propriétés d'une représentation linéaire d'un groupe G ainsi qu'aux représentations qui en découlaient, soit par restriction à un sous-espace vectoriel stable, soit par passage au quotient par un sous-groupe distingué de G. Maintenant nous allons procéder dans l'autre sens ; c'est-à-dire que nous allons partir d'une représentation linéaire d'un sous-groupe H de G et nous allons l'étendre à une représentation du groupe G. La construction proposée présente de belles propriétés universelles qui, à elles seules, justifient son intérêt. En fait cette construction s'est révélée comme l'un des outils les plus puissants pour fabriquer des représentations linéaires de groupes.

7.1.1 Notion de représentation induite

Si H est un sous-groupe, d'indice r, d'un groupe fini G, on note
$$G = \bigcup_{i=1\ldots r} g_i H,\ g_i \in G,$$
la partition de G en classes à gauche modulo H.
Soient $\rho : G \to GL(V)$ une représentation linéaire de G et $W \subset V$ un sous-espace vectoriel de V. Si W est stable par les automorphismes $\rho(h)$, $h \in H$, on note $\rho_{|H,W}$ la restriction de ρ au sous-groupe H et au sous-espace W.

Définition 7.1 — *Soient $W \subset V$, un sous-espace vectoriel d'un espace vectoriel V de dimension finie, $H \subset G$, un sous-groupe d'indice r, d'un groupe fini G, $\rho_1 : H \to GL(W)$ et, enfin, $\rho : G \to GL(V)$ deux représentations linéaires. On dit que la représentation linéaire ρ est induite par la représentation linéaire ρ_1 si $\rho_1 = \rho_{|H,W}$ et si $V = \bigoplus_{i=1\ldots r} g_i W$.*

(On note que $g_i W = \rho(g_i)(W)$ ne dépend pas du choix de g_i dans sa classe à gauche.)

Un exemple de représentation induite est fourni par la représentation régulière de G. En effet pour tout sous-groupe H de G on a

$$V_{reg} = \bigoplus_{g \in G} \mathbb{C}e_g = \bigoplus_{i=1\ldots r} g_i \Big(\bigoplus_{h \in H} \mathbb{C}e_h\Big).$$

La représentation restreinte, ρ_1 dans la définition, est, dans ce cas, la représentation régulière de H.

7.1.2 Construction d'une représentation induite

Construisons, dès à présent, une représentation ρ, induite à partir d'une représentation $\rho_1 : H \to GL(W)$, où H est un sous-groupe de G. L'espace V de la représentation sera une somme directe de $r = [G : H]$ exemplaires de W :

$$V = \bigoplus_{i=1\ldots r} W_i.$$

On identifie W avec le sous-espace W_1. L'opération de G sur V est définie par les formules suivantes :

$$\rho(h)(w, 0, \ldots, 0) = (\rho_1(h)(w), 0, \ldots, 0),$$

$$\rho(g_i)(w, 0, \ldots, 0) = (0, \ldots, \underset{\underset{i}{\uparrow}}{w}, \ldots, 0),$$

et si $gg_i = g_j h$, $g \in G$, $h \in H$, alors

$$\rho(g)(0, \ldots, \underset{\underset{i}{\uparrow}}{w}, \ldots, \underset{\underset{j}{\uparrow}}{0}, \ldots, 0) = (0, \ldots, \underset{\underset{i}{\uparrow}}{0}, \ldots, \underset{\underset{j}{\uparrow}}{\rho_1(h)(w)}, \ldots, 0)$$

Le lecteur vérifiera aisément, qu'une représentation ρ est ainsi bien définie et qu'elle est induite par ρ_1.
Notons encore que $H = \text{Stab}_G(W)$. Dès maintenant, nous allons mesurer la puissance de la représentation que nous venons de construire.

7.1.3 Les caractères irréductibles du groupe diédral

Le groupe diédral $\mathfrak{D}_n$, d'indice n, est le stabilisateur, dans le groupe des isométries du plan complexe, des racines $n^{\text{ièmes}}$ de l'unité (ou d'un polygone régulier convexe à n côtés). Le stabilisateur d'une racine est engendré par la symétrie vectorielle dont l'axe passe par la racine. Le sous-groupe $\mathfrak{R}_n$, des n rotations d'angle $2k\pi/n$, $k = 1, \ldots, n$, opère transitivement sur l'ensemble des racines. On en déduit que $\mathfrak{D}_n$ est le produit semi-direct de $\mathfrak{R}_n$ par un sous-groupe

Définition et existence

d'ordre 2, engendré par une symétrie axiale. Il a $2n$ éléments. Outre les n rotations il comprend aussi n symétries-droite qui, lorsque n est impair, constituent une seule classe de conjugaison. Quand n est pair il faut distinguer deux classes de conjugaison : les symétries par rapport à des droites passant par deux sommets opposés et les symétries par rapport aux médiatrices des côtés du polygone. Les classes de conjugaison des rotations comportent en général deux éléments : une rotation et son inverse. Font exceptions l'identité et, lorsque n est pair, la symétrie par rapport à l'origine (symétrie qui engendre d'ailleurs, dans ce cas, le centre du groupe). Le sous-groupe $\mathfrak{R}_n$ est, dans le cas n impair, le groupe dérivé du groupe diédral ; si n est pair c'est son sous-groupe d'indice 2 qui est le groupe dérivé. D'où deux ou quatre caractères de degré 1 pour le groupe $\mathfrak{D}_n$ suivant la parité de n. Si r désigne la rotation d'angle $2\pi/n$ et s la symétrie par rapport à l'axe réel le groupe diédral $\mathfrak{D}_n$ est engendré par r et s. Ces deux éléments satisfont les relations caractéristiques :

$$r^n = s^2 = (rs)^2 = 1.$$

Ce qui permet d'écrire tout élément de $\mathfrak{D}_n$ sous l'unique forme :

$$r^\alpha s^\beta, \ \alpha = 0, \ldots, n-1, \ \beta = 0, 1.$$

Les caractères de degré 1 sont donnés, dans le cas n pair, par :

$$r \mapsto \pm 1, \ s \mapsto \pm 1.$$

Dans le cas n impair ils sont donnés par :

$$r \mapsto 1, \ s \mapsto \pm 1.$$

La remarque faite lors de l'étude du groupe du carré, sur la distinction géométrique des deux classes de conjugaison des symétries-droite, est encore valable dans le cas plus général où n est pair.

Les caractères irréductibles du sous-groupe abélien distingué $\mathfrak{R}_n$ de $\mathfrak{D}_n$ sont connus. Nous allons construire les caractères de degré deux de $\mathfrak{D}_n$, par induction, en suivant la construction que nous venons de présenter. Notons $\omega = \exp(2i\pi/n)$ et $\chi_{1,k}$ le caractère de degré 1 de $\mathfrak{R}_n$ défini par $r \mapsto \omega^k$. On a la partition du groupe diédral :

$$\mathfrak{D}_n = \mathfrak{R}_n \bigcup s\mathfrak{R}_n.$$

Soit $V = \mathbb{C}e_1 \oplus \mathbb{C}e_2$ l'espace de la représentation ρ_k, de caractère χ_k, de $\mathfrak{D}_n$ induite par la représentation $\rho_{1,k} : \mathfrak{R}_n \to \mathbb{C}e_1$, de caractère $\chi_{1,k}$. On a :

$$s \cdot e_1 = e_2, \ s \cdot e_2 = e_1, \ r \cdot e_1 = \omega^k e_1, \ r \cdot e_2 = rs \cdot e_1 = sr^{-1} \cdot e_1 = \omega^{-k} e_2.$$

D'où les matrices de $\rho_k(r)$ et $\rho_k(s)$[1] :

$$(r)_k = \begin{pmatrix} \omega^k & 0 \\ 0 & \omega^{-k} \end{pmatrix} \quad (s)_k = \begin{pmatrix} 0 & 1 \\ 1 & 0 \end{pmatrix}.$$

---

[1] Pour k=1 on reconnaît la représentation servant à la définition du groupe diédral.

On en déduit la table des valeurs du caractère induit :

	1	r^α	s	$r^\alpha s$
χ_k	2	$\omega^{\alpha k}+\omega^{-\alpha k}$	0	0

(Notons que $\omega^{\alpha k} + \omega^{-\alpha k} = 2\cos(2k\alpha\pi/n)$.) Pour $1 \leq k \leq [n/2]$ ces caractères sont deux à deux distincts. Le calcul de la norme de χ_k donne :

$$\parallel \chi_k \parallel^2 = \begin{cases} 1 \text{ si } 2k \neq 0 \mod n, \\ 2 \text{ si } 2k = 0 \mod n. \end{cases}$$

On voit donc apparaître des représentations irréductibles de degré 2. En comparant le nombre des classes de conjugaison avec celui des caractères irréductibles distincts trouvés, on constate que le compte est bon.

Résumons nos résultats, en distinguant suivant la parité de n.

1. Cas $n = 2m + 1$. Il y a $(m+2)$ classes de conjugaison; donc deux caractères de degré 1 et m caractères irréductibles de degré 2, que nous venons de déterminer.

2. Cas $n = 2m$. Il y a $(m+3)$ classes de conjugaison; donc quatre caractères de degré 1 et $(m-1)$ caractères de degré 2, également vus plus haut.

N.B. Pour montrer l'irréductibilité des caractères trouvés par induction, sans calculer leur longueur, on peut observer que les deux matrices proposées pour r et s n'ont pas de direction propre en commun pour $1 \leq k \leq [n/2]$, lorsque n est impair, et pour $1 \leq k < n/2$, lorsque n est pair.

Remarque. La majoration par deux du degré des caractères irréductibles du groupe $\mathfrak{D}_n$ était prévisible. En effet, on montre dans l'annexe B, exercice 5, que le degré d'une représentation irréductible d'un groupe fini G ne dépasse jamais l'indice de tout sous-groupe abélien de G. On peut appliquer cette remarque avec le sous-groupe $\mathfrak{R}_n$ qui est abélien et d'indice 2.

7.1.4 Propriétés élémentaires de la représentation induite

Somme directe

Soit $H \subset G$ un sous-groupe de G, $\rho_1 : H \to GL(W)$ et $\rho : G \to GL(V)$ avec $W \hookrightarrow V$ et telles que

$$\rho = \mathrm{Ind}_H^G(\rho_1).$$

Il est clair que si $W = W_1 \oplus W_2$, où les deux sous-espaces W_i, $i = 1, 2$, sont stables par ρ_1, alors

$$V = \bigoplus_{i=1\ldots r} g_i W = \Big(\bigoplus_{i=1\ldots r} g_i W_1\Big) \bigoplus \Big(\bigoplus_{i=1\ldots r} g_i W_2\Big).$$

Autrement dit l'induction respecte la somme directe; c'est-à-dire :

$$\mathrm{Ind}_H^G(\rho_1 \oplus \rho_2) = \mathrm{Ind}_H^G(\rho_1) \oplus \mathrm{Ind}_H^G(\rho_2).$$

Sous-représentation

Dans le même ordre d'idées, et avec les mêmes notations, si $U \hookrightarrow W$ est un sous-espace stable par ρ_1 alors :

$$\mathrm{Ind}_H^G(\rho_{1|U}) = \rho_{|(\oplus_{i=1...r} g_i U)}.$$

Une propriété universelle

Soient $\rho : G \to GL(V)$ et $\rho' : G \to GL(V')$ deux représentations linéaires du même groupe G. On note $\mathrm{Hom}_G(V, V')$ l'ensemble des applications linéaires $V \to V'$ compatibles avec les représentations. On suppose que

$$\rho = \mathrm{Ind}_H^G(\rho_1),$$

où H est un sous-groupe de G et W un sous-espace de V stable par les automorphismes $\rho(h)$, $h \in H$. On a :

$$\mathrm{Hom}_G(V, V') \simeq \mathrm{Hom}_H(W, V').$$

Soit $f : W \to V'$ un élément de $\mathrm{Hom}_H(W, V')$. Nous constatons que f se prolonge de façon unique en un élément $\tilde{f}$ de $\mathrm{Hom}_G(V, V')$. La définition du prolongement linéaire de f est imposée par la décomposition de V en somme directe. En effet, on doit avoir :

$$\tilde{f}(w_i) = \rho'(g_i) f(w), \ w_i = g_i \cdot w \in g_i W.$$

Il reste au lecteur à vérifier que cette application linéaire $\tilde{f}$ est compatible avec les représentations.

Une conséquence importante de cette propriété est l'unicité de la représentation induite. En effet si ρ et ρ' sont deux représentations induites de

$$\rho_1 : W \to GL(W), \ W \hookrightarrow V, \ W \hookrightarrow V',$$

on a le diagramme commutatif :

$$\begin{array}{ccc} & & V \\ & \nearrow & \downarrow \varphi \\ W & \to & V' \end{array}$$

L'application φ, qui prolonge l'injection $W \hookrightarrow V'$, est surjective et, comme les espaces V et V' ont la même dimension, les deux représentations ρ et ρ' sont équivalentes. Pour une autre approche de la représentation induite on consultera [19, partie 2].

7.2 La formule de réciprocité de Frobenius

7.2.1 Calcul du caractère induit

Soient $H \subset G$ un sous-groupe du groupe G, $\rho_1 : H \to GL(W)$, une représentation linéaire de H, $\rho = \mathrm{Ind}_H^G(\rho_1) : G \to GL(V)$, une induite de ρ_1, enfin $G = \cup_{i=1...r} g_i H$, la partition de G en ses classes à gauche modulo H et $V = \oplus_{i=1...r} g_i W$, la décomposition de V associée. On note χ_1 (resp. χ) le caractère de ρ_1 (resp. ρ). Soit $g \in G$. L'automorphisme $\rho(g)$ permute les sous-espaces vectoriels $g_i W$. Pour le calcul de la trace de $\rho(g)$ il suffit donc de se restreindre aux sous-espaces $g_i W$ qui sont stables sous l'action de la permutation (penser à une matrice de $\rho(g)$ écrite dans une base respectant la décomposition choisie pour V); c'est-à-dire aux sous-espaces tels que $g g_i W = g_i W$. Cette condition s'exprime encore sous la forme : $g_i^{-1} g g_i \in \mathrm{Stab}_G(W) = H$. On a donc :

$$\chi(g) = \mathrm{Trac}(\rho(g)) = \sum_{i | g_i^{-1} g g_i \in H} \mathrm{Trac}(\rho(g)_{|g_i W}).$$

Le petit diagramme suivant éclaire alors la situation :

$$\begin{array}{ccc} W & \xrightarrow{g_i} & g_i W \\ g_i^{-1} g g_i \downarrow & & g \downarrow \\ W & \xleftarrow{g_i^{-1}} & g_i W. \end{array}$$

On a donc, si on se souvient de l'invariance de la trace par changement de base :

$$\mathrm{Trac}(\rho(g)_{|g_i W}) = \mathrm{Trac}(\rho(g_i^{-1} g g_i)_{|W}) = \mathrm{Trac}(\rho_1(g_i^{-1} g g_i)).$$

Et finalement voici la formule qui donne le caractère χ en fonction de χ_1 :

$$\chi(g) = \sum_{i | g_i^{-1} g g_i \in H} \chi_1(g_i^{-1} g g_i) = \frac{1}{|H|} \sum_{k \in G,\ k^{-1} g k \in H} \chi_1(k^{-1} g k),\ g \in G.$$

7.2.2 La formule de Frobenius

Soit φ une fonction, définie sur le sous-groupe H de G et constante sur les classes de conjugaison de H; on lui associe la fonction $\mathrm{Ind}_H^G(\varphi)$, définie sur G par la formule :

$$\mathrm{Ind}_H^G(\varphi)(g) = \frac{1}{|H|} \sum_{k \in G,\ k^{-1} g k \in H} \varphi(k^{-1} g k),\ g \in G.$$

Cette fonction $\mathrm{Ind}_H^G(\varphi)$ est constante sur les classes de conjugaison de G.
Soit ψ une fonction, définie sur G et constante sur les classes de conjugaison de G; on note toujours $\mathrm{Res}_H(\psi) = \psi_{|H}$ sa restriction à H.

Théorème 7.2 — *On a la formule de réciprocité de* FROBENIUS

$$\langle \varphi, \operatorname{Res}_H(\psi) \rangle_H = \langle \operatorname{Ind}_H^G(\varphi), \psi \rangle_G.$$

Les caractères irréductibles constituant une base de l'espace vectoriel des fonctions constantes sur les classes de conjugaison, on démontre la formule de réciprocité sur les caractères. On utilise la formule donnant la valeur du caractère induit, établie dans le paragraphe précédent, en remarquant que, si on pose $h = k^{-1}gk$, on a :

$$\frac{1}{|H|} \sum_{k \in G,\ k^{-1}gk \in H} \varphi(k^{-1}gk) = \frac{1}{|H|} \sum_{h \in H} |\{k \in G,\ k^{-1}gk = h\}| \varphi(h).$$

Par définition du produit scalaire on a :

$$\langle \operatorname{Ind}_H^G(\varphi), \psi \rangle_G = \frac{1}{|H|.|G|} \sum_{g \in G} \sum_{k \in G, k^{-1}gk \in H} \varphi(k^{-1}gk) \psi(g^{-1}).$$

On fait donc le changement de variable de sommation : $k^{-1}gk = h$. On en déduit :

$$\langle \operatorname{Ind}_H^G(\varphi), \psi \rangle_G = \frac{1}{|H|.|G|} \sum_{g \in G} \sum_{h \in H} |\{k \in G,\ k^{-1}gk = h\}| \varphi(h)\psi(h^{-1}).$$

Cette dernière formule s'écrit aussi :

$$\langle \operatorname{Ind}_H^G(\varphi), \psi \rangle_G = \frac{1}{|H|} \sum_{h \in H} \varphi(h)\psi(h^{-1}) \Big(\frac{1}{|G|} \sum_{g \in G} |\{k \in G,\ k^{-1}gk = h\}|\Big).$$

Or G opère sur lui-même par conjugaison. Notons $\mathcal{O}_h$ l'orbite de h. On a :

$$\sum_{g \in G} |\{k \in G,\ k^{-1}gk = h\}| = \sum_{g \in \mathcal{O}_h} |\{k \in G,\ k^{-1}gk = h\}|.$$

Mais, pour un $g \in \mathcal{O}_h$ donné, on a si $kgk^{-1} = lgl^{-1} = h$:

$$l^{-1}k \in \operatorname{Stab}(g) \simeq \operatorname{Stab}(h).$$

On en déduit que : $|\{k \in G,\ k^{-1}gk = h\}| = |\operatorname{Stab}(h)|$. D'où :

$$\sum_{g \in \mathcal{O}_h} |\{k \in G,\ k^{-1}gk = h\}| = |\operatorname{Stab}(h)||\mathcal{O}_h| = |G|.$$

Ce qui achève la démonstration de la formule de FROBENIUS. □

7.3 Le critère d'irréductibilité de MACKEY

Nous allons donner une condition nécessaire et suffisante pour qu'une représentation induite soit irréductible. Nous conservons nos notations : H est un sous-groupe du groupe G, d'indice $[G:H] = r$, la famille $\{g_i,\ i=1,\ldots,r\}$, est un système de représentants des classes à gauche de G modulo H (d'où la partition $G = \cup_{i=1\ldots r}\ g_i H$) et $\rho : G \to GL(V)$ est une représentation de G induite par $\rho_1 : H \to GL(W)$ (donc $W \subset V$, $\rho_1 = \rho_{|H,W}$, $V = \oplus_{i=1\ldots r}\ g_i W = +_{g \in G}\ gW$, cette dernière écriture, un peu plus lâche, nous sera utile). On note $\rho_H : H \to GL(V)$ la restriction de ρ au sous-groupe H et, pour tout $g \in G$, on pose $H_g = H \cap gHg^{-1}$. Enfin, soit $\rho_g : H_g \to GL(W)$ la représentation définie par

$$\rho_g(h) = \rho_1(g^{-1}hg),\ h \in H_g.$$

(Le lecteur vérifiera que ρ_g est bien définie.)
Dans un premier temps nous allons étudier la restriction $\rho_H : H \to GL(V)$.

Étude de la représentation ρ_H

Pour cette étude il nous faut introduire la partition de G en double-classes modulo H :

$$G = \cup_{i=1\ldots t}\ Hk_iH.$$

Il faut réaliser que cette partition de G est moins fine que celle donnée par les classes à gauche. Chaque double-classe est une réunion de classes à gauche (et bien sûr, à droite) et donc $t \leq r$. Parmi ces double-classes il y a H (aussi prend-on d'habitude $g_1 = k_1 = 1$). Il en découle une décomposition de V en somme directe, moins fine que celle donnée plus haut :

$$V = \bigoplus_{i=1\ldots t} U_i,\ \ U_i = +_{g \in Hk_iH}\ gW,\ i = 1\ldots t.$$

(Pour alléger l'écriture nous posons $H_i = H \cap k_i H k_i^{-1}$, ainsi que $\rho_i = \rho_{k_i}$.)
Si nous voulons éviter les répétitions et écrire U_i sous la forme d'une somme directe, il suffit de choisir un représentant pour chacune des classes à gauche de H modulo H_i ; soit : $\{h_{i,j},\ j=1,\ldots,j_i\}$ une telle famille. On a alors :

$$U_i = +_{g \in Hk_iH}\ gW = \bigoplus_{j=1\ldots j_i} h_{i,j}k_i W.$$

(En effet $hk_iW = k_iW$ si, et seulement si, $k_i^{-1}hk_i \in \operatorname{Stab}_G(W) = H$; c'est-à-dire si $h \in H_i$.). Chaque sous-espace U_i est stable sous l'action de H. Cela se lit sur la définition des U_i ; c'est la conséquence de la stabilité d'une double-classe HgH par multiplication à gauche par les éléments de H.

Proposition 7.3 — *La restriction ρ_H est équivalente à* : $\rho_H \simeq \oplus_{i=1\ldots t}\operatorname{Ind}_{H_i}^{H}(\rho_i)$.

Démonstration. Ce résultat n'est qu'une simple constatation statique. Il suffit de vérifier que $\operatorname{Res}_{U_i}(\rho_H) \simeq \operatorname{Ind}_{H_i}^{H}(\rho_i)$. On voit déjà que $\operatorname{Stab}_H(k_iW) = H_i$. Ensuite l'écriture de U_i sous la forme de la somme directe donnée plus haut nous confirme que U_i est bien l'espace vectoriel de la représentation induite par ρ_i. Enfin le diagramme suivant, où $h_i \in H_i$,

$$\begin{array}{ccc} W & \xrightarrow{\rho_i(h_i)} & W \\ k_i \downarrow & & k_i^{-1} \uparrow \\ k_iW & \xrightarrow{\rho(h_i)} & k_iW. \end{array}$$

donne l'équivalence recherchée. □

Le critère de MACKEY

Proposition 7.4 — *Pour que $\rho = \operatorname{Ind}_H^G(\rho_1)$ soit irréductible, il faut et il suffit que ρ_1 le soit et que, pour tout $g \in G \setminus H$, les représentations $\operatorname{Res}_{H_g}(\rho_1)$ et ρ_g soient sans composante irréductible commune.*

Démonstration. L'irréductibilité de ρ implique déjà celle de ρ_1. La proposition découle de la formule de réciprocité de FROBENIUS. On désigne toujours par χ (resp. χ_1, χ_g, χ_i) le caractère de la représentation linéaire ρ (resp. ρ_1, ρ_g, ρ_i) (et d'une façon générale par $\operatorname{Ind}_{H_\ell}^G(\chi_\ell)$ le caractère induit par un caractère χ_ℓ d'un sous-groupe H_ℓ du groupe G). Calculons la longueur du caractère χ.

$$\langle \chi, \chi \rangle_G = \langle \chi, \operatorname{Ind}_H^G(\chi_1) \rangle_G = \langle \operatorname{Res}_H(\chi), \chi_1 \rangle_H.$$

Mais $\operatorname{Res}_H(\chi) = \sum_{i=1\ldots t} \operatorname{Res}_H(\operatorname{Ind}_{H_i}^H(\chi_i))$. D'où il vient :

$$\langle \chi, \chi \rangle_G = \langle \chi_1, \chi_1 \rangle_H + \Big(\sum_{i=2\ldots t} \langle \chi_i, \operatorname{Res}_{H_i}(\chi_1) \rangle_{H_i} \Big).$$

C'est le résultat annoncé.

Dans le cas particulier, où le sous-groupe H est distingué dans G, on a alors $H = H_g$, $g \in G$ et la proposition devient :

Proposition 7.5 — *Pour qu'une représentation induite $\rho = \operatorname{Ind}_H^G(\rho_1)$, où H est un sous-groupe distingué de G, soit irréductible il faut et il suffit que ρ_1 soit irréductible et que pour tout $g \in G \setminus H$ les représentations ρ_1 et ρ_g ne soient pas équivalentes.*

Pour la justification il suffit de réaliser que l'irréductibilité de ρ_1 implique celle de ρ_g.

7.4 Les caractères des groupes d'ordre pq

L'exemple est non banal et utilise notre nouvel outil.
On désigne par p et q deux nombres premiers distincts, $p > q$. Commençons par rappeler la situation des groupes d'ordre pq [15, chapitre 1].

7.4.1 La classification des groupes d'ordre pq

Cette classification, à un isomorphisme près, est résumée par le résultat suivant :

Théorème 7.6 — *Soit G un groupe d'ordre pq où p et q sont deux nombres premiers satisfaisant $p > q$.*

a. Si q ne divise pas $p-1$ le groupe G est cyclique.

b. Si q divise $p-1$ on note s un entier, $0 < s < p$, générateur du sous-groupe cyclique d'ordre q du groupe multiplicatif du corps premier $\mathbb{Z}/p\mathbb{Z}$; le groupe G est alors soit cyclique, soit non-abélien et isomorphe au produit semi-direct des groupes cycliques d'ordre p et q défini par les générateurs et relations suivants :

$$a^p = b^q = 1, \ bab^{-1} = a^s.$$

c. Deux groupes, de même ordre pq et non abéliens, sont isomorphes.

Démonstration. Le groupe G est d'ordre pq. Il admet donc un sous-groupe H de p-SYLOW et un sous-groupe K de q-SYLOW. Conséquence des théorèmes de Sylow, H est un sous-groupe distingué de G (car le nombre des p-SYLOW est congru à 1 modulo p et divise q). Comme $H \cap K = \{1\}$ et que $HK = G$ (car $|G|=|H||K|$), le groupe G est le produit semi-direct des sous-groupes H et K. Si l'opération, par automorphismes intérieurs, de K sur H est triviale le groupe G est cyclique (car abélien d'ordre pq). Pour qu'il existe un produit semi-direct non banal il faut et il suffit qu'il existe un morphisme injectif φ :

$$\mathbb{Z}/q\mathbb{Z} \simeq K \overset{\varphi}{\hookrightarrow} \mathrm{Aut}(H) \simeq (\mathbb{Z}/p\mathbb{Z})^* \simeq \mathbb{Z}/(p-1)\mathbb{Z}.$$

Ceci est possible si, et seulement si, q divise $p-1$. D'où le produit semi-direct annoncé et défini par générateurs et relations comme indiqué. Pour vérifier que deux groupes non-abéliens d'ordre pq sont isomorphes il faut d'abord se souvenir que si x_1 et x_2 sont deux éléments de $\mathbb{Z}/q\mathbb{Z}$, distincts de l'élément neutre, alors il existe un unique automorphisme du groupe cyclique $\mathbb{Z}/q\mathbb{Z}$ qui envoie x_1 sur x_2. Soient maintenant φ_1 et φ_2 deux éléments non triviaux de $\mathrm{Hom}(K, \mathrm{Aut}(H))$ et

$$G_1 = H \overset{\varphi_1}{\times} K, \ G_2 = H \overset{\varphi_2}{\times} K$$

les deux produits semi-directs associés (ici H et K sont identifiés respectivement à $\mathbb{Z}/p\mathbb{Z}$ et $\mathbb{Z}/q\mathbb{Z}$). Soit, enfin, θ l'unique automorphisme du groupe cyclique $\mathbb{Z}/q\mathbb{Z}$ qui fasse commuter le diagramme suivant :

$$\begin{array}{ccc} \mathbb{Z}/q\mathbb{Z} & & \\ & \searrow^{\varphi_1} & \\ \theta \downarrow & & \mathrm{Aut}(\mathbb{Z}/p\mathbb{Z}) \\ & \nearrow_{\varphi_2} & \\ \mathbb{Z}/q\mathbb{Z} & & \end{array}$$

(Ici $x_1 = 1$ et $x_2 = \varphi_2^{-1}\varphi_1(1)$ et on se souvient que φ_2 est injectif.)
L'application $(x,y) \mapsto (x, \theta(y))$ de G_1 dans G_2 est un isomorphisme de groupes. On le vérifie directement, si on se donne la peine de calculer l'image d'un produit de deux éléments de G_1. □

N.B. On peut expliciter la démonstration qui précède de la façon suivante. Soit G_1 (resp. G_2) le groupe défini par les générateurs et relations : $a^p = b^q = 1$, $bab^{-1} = a^s$ (resp. $a^p = b^q = 1$, $bab^{-1} = a^t$). Les nombres s et t sont des générateurs du sous-groupe cyclique d'ordre q du groupe cyclique $(\mathbb{Z}/p\mathbb{Z})^*$ d'ordre $p-1$. Il existe donc un entier u tel que $s^u = t$. Un automorphisme de G_2 dans G_1 est alors donné par : $a \mapsto a$, $b \mapsto b^u$.

7.4.2 Les caractères des groupes non abéliens d'ordre pq

Un exemple nous est déjà familier : c'est le cas où p est premier impair et où $q = 2$. Le groupe G, non abélien d'ordre pq, est isomorphe au groupe diédral $\mathfrak{D}_p$ dont nous avons déjà dressé la table des caractères irréductibles. Nous allons retrouver et généraliser les résultats obtenus alors. Nous conservons les notations du paragraphe précédent.

On note r le quotient de $p-1$ par q (c.à.d. $p-1 = qr$). Le groupe G est le produit semi-direct de son sous-groupe de p-SYLOW H, distingué dans G, d'ordre p ($H = <a>$, $a^p = 1$), et d'un sous-groupe de q-SYLOW K d'ordre q ($K = <b>$, $b^q = 1$). Les relations caractéristiques de G sont :

$$a^p = b^q = 1, \ bab^{-1} = a^s, \ s^q = 1 \bmod p, \ s \neq 1 \bmod p.$$

Le sous-groupe H est aussi le sous-groupe dérivé de G (puisque G est non abélien et que le groupe quotient $G/H \simeq K$ est abélien). Les caractères de degré 1 de G s'obtiennent donc, par passage au quotient, à partir de ceux de K. Ils sont donc au nombre de q. On les note χ_k, $k = 0, \ldots, q-1$, avec $\chi_k(b) = \omega_2^k$, $\omega_2 = \exp(2i\pi/q)$. Les autres caractères irréductibles de G sont de degré q (se souvenir que le degré d'un caractère irréductible est un diviseur de l'ordre du groupe et que son carré ne peut pas dépasser cet ordre). Il y a donc r caractères irréductibles de degré q puisque

$$q + rq^2 = q(1 + rq) = qp = |G|.$$

Les classes de conjugaison de G se répartissent dans H (où l'on trouve $\{1\}$ et r autres classes comptant chacune q éléments) et dans $G \setminus H$ (où il y a $q-1$ classes comportant p éléments chacune, représentées par les puissances de b; à savoir : $\{b^m, \ m = 1, \ldots, q-1\}$). Les caractères irréductibles de degré q de G s'obtiennent, par induction, à partir de ceux de degré 1 de H. En effet posons $\omega_1 = \exp(2i\pi/p)$ et considérons le caractère $\chi : H \to \mathbb{C}$ défini par $\chi(a) = \omega_1$. Les différents caractères conjugués de χ par les puissances de b satisfont :

$$\chi_{b^{-m}}(a) = \omega_1^{s^m}, \ m = 1, \ldots, q-1.$$

Les conditions du critère de MACKEY sont donc satisfaites. Le caractère induit $\mathrm{Ind}_H^G(\chi) = \chi_{1,q}$ est donc un caractère irréductible de degré q de G. Sa valeur sur a est donnée par la formule usuelle :

$$\chi_{1,q}(a) = \sum_{m=0\ldots q-1} \omega_1^{s^m} = \eta_1$$

(et plus généralement :

$$\chi_{1,q}(a^l) = \sum_{m=0\ldots q-1} \omega_1^{ls^m},\ l=1,\ldots,p-1).$$

On reconnaît dans le nombre η_1 une somme de GAUSS (une de ses fameuses "périodes à q sommants" [20, chapitre 8, page 180] et [12, chapitre 4]) ; η_1 est aussi un générateur du sous-corps, de degré r sur $\mathbb{Q}$, du corps cyclotomique $\mathbb{Q}(\omega_1)$. Le polynôme minimal M_{η_1} admet donc r racines, η_i, $i=1,\ldots,r$, qui, chacune, engendrent $\mathbb{Q}(\eta_1)$. Aussi les r conjugaisons de $\mathbb{Q}(\eta_1)$ nous donnent-elles, par composition avec $\chi_{1,q}$, les r caractères irréductibles recherchés et notés $\chi_{i,q}$, $i=1,\ldots,r$. Voici la table des caractères irréductibles du groupe non abélien G, d'ordre pq :

G	1	a	$b^m,\ m=1,\ldots,q-1$
$\chi_k,\ k=0,\ldots,p-1$	1	1	ω_2^{km}
$\chi_{i,q},\ i=1,\ldots,r$	q	η_i	0

En décoration voici un petit octaèdre. C'est le dual du cube ; il est obtenu à partir des milieux des six faces du cube. Son groupe des déplacements est le même que celui du cube enveloppant. Observer qu'il est aussi obtenu à partir des milieux des six arêtes du tétraèdre régulier. On repérera les 6 axes binaires, les 4 axes ternaires et les 3 axes d'ordre 4 de l'octaèdre ; on identifiera les rotations qui laissent invariant chacun des deux tétraèdres enveloppants.

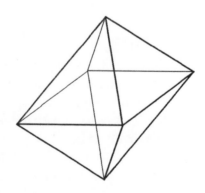

Chapitre 8
Applications de la théorie des représentations linéaires

Dans ce chapitre nous illustrons, par des applications ou des exemples, les résultats établis jusqu'à présent.

La première application concerne la loi de réciprocité quadratique de GAUSS. Dans toutes les démonstrations classiques on est conduit à l'évaluation d'une certaine somme, dite somme de GAUSS. Ce calcul n'est jamais banal. En voici une variante qui apparaît, lorsqu'on s'intéresse aux caractères irréductibles du sous-groupe du groupe spécial linéaire $SL_2(\mathbb{Z}/p\mathbb{Z})$, formé des matrices triangulaires supérieures.

La seconde application fournit un exemple remarquable d'une famille de groupes finis qui sont tous des produits semi-directs. Cette famille, mise en évidence par FROBENIUS, donne un éclairage nouveau sur certains produits semi-directs que nous avons déjà rencontrés.

Dans la troisième application, on dresse la table des caractères des deux classes d'isomorphie des groupes, non abéliens, d'ordre p^3. Ces deux tables coincident. On généralise ainsi l'observation faite dans la cas $p = 2$ avec le groupe des quaternions et le groupe diédral $\mathfrak{D}_4$.

Enfin, nous faisons un retour en arrière sur le groupe symétrique et sur son sous-groupe alterné, afin de dresser, dans le cas $n = 5$, par des méthodes élémentaires, leur table des caractères. Dans le chapitre qui suit, nous présenterons la recherche des caractères irréductibles du groupe symétrique $\mathfrak{S}_n$ en général, à l'aide des tableaux de YOUNG ; nous verrons qu'il s'agit alors d'un tout autre programme. Dans les trois premières applications les représentations induites jouent un rôle fondamental. Le critère de MACKEY règle dans les première et troisième parties la question de l'irréductibilité. Dans tous les exemples la détermination des classes de conjugaison des groupes rencontrés est un point de résistance incontournable.

8.1 Une démonstration de la loi de réciprocité quadratique de GAUSS

[1] Dans toute cette partie p désigne un nombre premier impair et α un générateur du groupe cyclique $(\mathbb{Z}/p\mathbb{Z})^*$; α est aussi un générateur du groupe additif $\mathbb{Z}/p\mathbb{Z}$.

8.1.1 Le sous-groupe G_1 des matrices triangulaires supérieures de $SL_2(\mathbb{Z}/p\mathbb{Z})$

Notons G_1 le sous-groupe du groupe spécial linéaire formé des matrices triangulaires supérieures :

$$G_1 = \left\{ \begin{pmatrix} a & b \\ 0 & a^{-1} \end{pmatrix}, \ a, b \in \mathbb{Z}/p\mathbb{Z}, \ a \neq 0 \right\}.$$

C'est un groupe non abélien d'ordre $p(p-1)$. Il admet un unique sous-groupe de p-SYLOW d'ordre p :

$$H_1 = \left\{ \begin{pmatrix} 1 & b \\ 0 & 1 \end{pmatrix}, \ b \in \mathbb{Z}/p\mathbb{Z} \right\}.$$

Ce sous-groupe est distingué dans G_1, monogène et engendré par

$$h_1 = \begin{pmatrix} 1 & 1 \\ 0 & 1 \end{pmatrix}, \text{ ou par } h_1' = \begin{pmatrix} 1 & \alpha \\ 0 & 1 \end{pmatrix} = (h_1)^\alpha.$$

Le groupe[2] G_1 est le produit semi-direct de H_1 et du sous-groupe des matrices diagonales :

$$K_1 = \left\{ \begin{pmatrix} a & 0 \\ 0 & a^{-1} \end{pmatrix}, \ a \in (\mathbb{Z}/p\mathbb{Z})^* \right\}.$$

Ce sous-groupe est également monogène, d'ordre $p-1$ et engendré par :

$$k_1 = \begin{pmatrix} \alpha & 0 \\ 0 & \alpha^{-1} \end{pmatrix}.$$

Ainsi tout élément de $g \in G_1$ s'écrit sous la forme : $g = hk$, $h \in H_1$, $k \in K_1$. Cette écriture est unique. Plus précisément on a :

$$\begin{pmatrix} a & b \\ 0 & a^{-1} \end{pmatrix} = \begin{pmatrix} 1 & ab \\ 0 & 1 \end{pmatrix} \begin{pmatrix} a & 0 \\ 0 & a^{-1} \end{pmatrix}, \ a, b \in \mathbb{Z}/p\mathbb{Z}, \ a \neq 0.$$

---

[1]Cette variante de la démonstration de la loi de réciprocité quadratique est due à D.C. CORRO [9, page 320].

[2]Le groupe G_1, connu de KRONECKER, est baptisé Z-S-métacyclique par COXETER [4, Chapitre 1] ; comme un exemplaire de chaque q-SYLOW, $(q,p)=1$, figure dans le sous-groupe cyclique K_1, les sous-groupes de SYLOW de G_1 sont cycliques ; la représentation utilisée, de G_1 dans $GL_2(\mathbb{Z}/p\mathbb{Z})$, est agréable pour les calculs [9, Chapitre 5].

Le centre de G_1 est $\{\pm 1\}$. De plus, comme $G_1/H_1 \simeq K_1 \simeq (\mathbb{Z}/p\mathbb{Z})^*$, on voit que H_1 est le groupe dérivé de G_1. Notons encore que l'opération de K_1 sur H_1 est fournie par :

$$\begin{pmatrix} a^{-1} & 0 \\ 0 & a \end{pmatrix} \begin{pmatrix} 1 & b \\ 0 & 1 \end{pmatrix} \begin{pmatrix} a & 0 \\ 0 & a^{-1} \end{pmatrix} = \begin{pmatrix} 1 & a^{-2}b \\ 0 & 1 \end{pmatrix}, \ a,\ b \in \mathbb{Z}/p\mathbb{Z},\ a \neq 0.$$

De même le conjugué d'un élément de K_1 par un élément de H_1 est :

$$\begin{pmatrix} 1 & -b \\ 0 & 1 \end{pmatrix} \begin{pmatrix} a & 0 \\ 0 & a^{-1} \end{pmatrix} \begin{pmatrix} 1 & b \\ 0 & 1 \end{pmatrix} = \begin{pmatrix} a & b(a - a^{-1}) \\ 0 & a^{-1} \end{pmatrix}.$$

Nous déduisons, de la première des relations précédentes, que les classes de conjugaison des matrices diagonales sont, outre les deux éléments du centre :

$$C_a = \left\{ \begin{pmatrix} a & b \\ 0 & a^{-1} \end{pmatrix},\ b \in \mathbb{Z}/p\mathbb{Z} \right\},\ a \in (\mathbb{Z}/p\mathbb{Z})^*,\ a \neq \pm 1.$$

Il y a donc $(p-3)$ classes de conjugaison du type C_a, chacune comportant p éléments. La seconde relation nous indique qu'il y a deux classes de conjugaison, pour les matrices de H_1 qui ne sont pas des homothéties. D'une part :

$$C_1 = \left\{ \begin{pmatrix} 1 & a^2 \\ 0 & 1 \end{pmatrix},\ a \in (\mathbb{Z}/p\mathbb{Z})^* \right\}.$$

D'autre part, comme α n'est pas un carré dans $\mathbb{Z}/p\mathbb{Z}$, la seconde classe est :

$$C_1' = \left\{ \begin{pmatrix} 1 & a^2\alpha \\ 0 & 1 \end{pmatrix},\ a \in (\mathbb{Z}/p\mathbb{Z})^* \right\}.$$

Notons que chacune de ces deux classes a $(p-1)/2$ éléments, que $h_1 \in C_1$ et que $h_1' \in C_1'$. On découvre enfin les deux dernières classes de conjugaison :

$$C_2 = \left\{ \begin{pmatrix} -1 & a^2 \\ 0 & -1 \end{pmatrix},\ a \in (\mathbb{Z}/p\mathbb{Z})^* \right\},$$

$$C_2' = \left\{ \begin{pmatrix} -1 & a^2\alpha \\ 0 & -1 \end{pmatrix},\ a \in (\mathbb{Z}/p\mathbb{Z})^* \right\}.$$

On retrouve bien, au total, les $p(p-3) + 4((p-1)/2) + 2 = p(p-1)$ éléments de G_1 et on dénombre $(p+3)$ classes de conjugaison. On voit donc que, outre les $(p-1)$ caractères de degré un, le groupe G_1 admet quatre caractères irréductibles de degré supérieur à 1.

Notons encore que $K_1 \cap gK_1g^{-1} = \{\pm 1\}$, $g \in G_1 \setminus K_1$.

8.1.2 Le groupe quotient $G = G_1/\mathrm{Cent}(G_1)$

Nous allons déterminer les caractères irréductibles du groupe G.

Propriétés du groupe G

Le groupe quotient $G = G_1/\{\pm Id\}$ est d'ordre $p(p-1)/2$ (on reconnaîtra facilement ce groupe lorsque $p = 3, 5, 7$; le dernier, pour $p = 7$, est le plus petit groupe, non abélien, d'ordre impair). Son unique p-Sylow est l'image H de H_1 par l'application quotient. Il est cyclique et nous notons h et h' les générateurs, images de h_1 et h'_1. Le sous-groupe K_1 de G_1 a pour image le sous-groupe cyclique K de G, d'ordre $(p-1)/2$, et il est engendré par l'image k de k_1. Le groupe G est le produit semi-direct du sous-groupe H, distingué dans G, et du sous-groupe K.

Les classes de conjugaison de G

La détermination des classes de conjugaison de G se fait à partir de celles de G_1 par passage au quotient. Ces classes ont, deux par deux, la même image dans G. Il en est, bien sûr, ainsi de $\{Id\}$ et $\{-Id\}$. Mais aussi, lorsque $a \neq \pm 1$, de C_a et C_{-a}, comme le montre le produit de matrices :

$$\begin{pmatrix} -a^{-1} & b \\ 0 & -a \end{pmatrix} \begin{pmatrix} a & b \\ 0 & a^{-1} \end{pmatrix} = \begin{pmatrix} -1 & 0 \\ 0 & -1 \end{pmatrix}.$$

Nous noterons C_ℓ, $\ell = 1, \ldots, (p-3)/2$, ces différentes classes dans G. Elles sont représentées par les éléments k^ℓ, $\ell = 1, \ldots, (p-3)/2$. Pour les quatre dernières classes de G_1 il faut distinguer suivant que -1 est, ou n'est pas, un carré dans $\mathbb{Z}/p\mathbb{Z}$. En effet le produit de matrices,

$$\begin{pmatrix} 1 & -a^2 \\ 0 & 1 \end{pmatrix} \begin{pmatrix} -1 & -a^2 \\ 0 & -1 \end{pmatrix} = \begin{pmatrix} -1 & 0 \\ 0 & -1 \end{pmatrix},$$

montre que C_1 et C'_1 ont la même image (tout comme C_2 et C'_2), si -1 est un carré. Sinon c'est le produit,

$$\begin{pmatrix} 1 & a^2 \\ 0 & 1 \end{pmatrix} \begin{pmatrix} -1 & a^2 \\ 0 & -1 \end{pmatrix} = \begin{pmatrix} -1 & 0 \\ 0 & -1 \end{pmatrix},$$

qui prouve que C_2 et C'_1 ont la même image (ainsi d'ailleurs que C_1 et C'_2).
En revanche il n'y a pas de perte dans l'effectif des classes lors du passage au quotient. On notera C (resp. C') l'image de C_1 (resp. C_2). Ces deux classes sont représentées respectivement par les éléments h et h'. Si $p = 3$, il n'y a plus de classe du type C_i et les deux classes C et C' sont réduites chacune à un élément. On remarquera que, lorsque -1 est un carré, les classes C et C' sont invariantes par passage à l'inverse ; sinon elles s'échangent et, dans ce dernier cas, l'ordre du groupe G est impair ; enfin, comme dans le cas de G_1, on a la propriété :

$$K \bigcap gKg^{-1} = \{1\}, \ g \in G \setminus K.$$

Les caractères de degré 1 de G

Lorsque $p > 3$ le groupe dérivé de G est H, puisque $G/H \simeq K$, que K est cyclique (donc abélien) et que H est d'ordre premier. Le groupe G admet donc $(p-1)/2$ caractères de degré 1 et deux caractères de degré supérieur, suite au décompte des classes de conjugaison de G. Nous pouvons déjà dresser la table des caractères, de degré 1, du groupe G. Dans le tableau nous notons toujours, en indice d'un représentant d'une classe de conjugaison de G, l'effectif de cette classe.

G	1	$(h)_{(p-1)/2}$	$(h')_{(p-1)/2}$	$(k^\ell)_p$
χ_j	1	1	1	$\omega^{j\ell}$

où $\ell = 1, \ldots, (p-3)/2$, $j = 1, \ldots, (p-1)/2$ et $\omega = \exp(4i\pi/(p-1))$.

Une représentation irréductible de degré $(p-1)/2$

On considère la représentation $\rho_1 : H \to \mathbb{C}^*$, de degré 1, qui associe, au générateur $h \in H$, l'homothétie de rapport $\theta = \exp(2i\pi/p)$. Notons $\rho = \mathrm{Ind}_H^G$ son induite à G et χ le caractère de ρ.

Proposition 8.1 — *Le caractère χ est irréductible de degré $(p-1)/2$.*

Démonstration. L'irréductibilité de la représentation linéaire ρ découle du critère de MACKEY. En effet, notons ρ_g la représentation conjuguée de ρ_1. On rappelle que :
$$\rho_g(h) = \rho_1(g^{-1}hg), \ g \in G.$$

En particulier, pour $g = k^\ell$, $\rho_{k^\ell}(h)$ est l'homothétie de rapport $\theta^{(\alpha^{-2\ell})}$. Or, pour $\ell \neq 0$, on a $\alpha^{-2\ell} \neq 1$, mod p. Les rapports des homothéties $\rho_1(h)$ et $\rho_{k^\ell}(h)$ ne coïncident pas ; d'où l'irréductibilité annoncée. □

Corollaire 8.2 — *Le groupe G admet deux caractères irréductibles de degré supérieur à 1 ; tous deux ont pour degré $(p-1)/2$.*

La construction de la représentation induite, donnée au chapitre 4, permet le calcul de la trace de ρ, sur les classes de conjugaison du type C_l, car la matrice de $\rho(h)$, dans la base utilisée alors, est une matrice compagnon.

Les caractères irréductibles de G

D'après ce qui précède, on a déjà : $\chi(k^\ell) = 0$, $\ell = 1, \ldots, (p-3)/2$.
Nous allons utiliser toutes les ressources de la table des caractères. Notons χ' le second caractère de degré $(p-1)/2$. L'orthogonalité de la colonne, associée à la classe C_ℓ, et de la première colonne donne : $\chi'(k^\ell) = 0$, $\ell = 1, \ldots, (p-3)/2$.
Voici un premier tableau, provisoire, des caractères irréductibles de G, où les

β_i, $i = 1, \ldots, 4$, sont des nombres complexes à déterminer.

G	1	$(h)_{(p-1)/2}$	$(h')_{(p-1)/2}$	$(k^\ell)_p$
χ_j	1	1	1	$\omega^{j\ell}$
χ	$(p-1)/2$	β_1	β_2	0
χ'	$(p-1)/2$	β_3	β_4	0

L'orthogonalité des deux premières lignes donne la relation :
$$\beta_1 + \beta_2 = -1.$$

De même l'orthogonalité des deux lignes extrêmes donne :
$$\beta_3 + \beta_4 = -1.$$

En jouant de la même façon avec les colonnes on obtient des relations similaires :
$$\beta_1 + \beta_3 = -1, \quad \beta_2 + \beta_4 = -1.$$

D'où, si on pose $\beta = \beta_1$, on a :
$$\beta_1 = \beta_4 = \beta, \quad \beta_2 = \beta_3 = -1 - \beta.$$

Il reste à calculer β.

Le calcul de β

Il nous faut distinguer suivant que -1 est, ou n'est pas, un carré dans $\mathbb{Z}/p\mathbb{Z}$. Nous utiliserons le symbole de LEGENDRE. Soit a un entier et $\bar{a}$ son image dans $\mathbb{Z}/p\mathbb{Z}$. On pose :

$$\left(\frac{a}{p}\right) = \begin{cases} 0 & \text{si } a \in p\mathbb{Z}, \\ 1 & \text{si } \bar{a} \text{ est un carré dans } (\mathbb{Z}/p\mathbb{Z})^*, \\ -1 & \text{sinon.} \end{cases}$$

Premier cas : $\left(\frac{-1}{p}\right) = 1$. Les éléments h et h^{-1} sont dans la même classe de conjugaison de G. On a donc : $\beta = \chi(h) = \chi(h^{-1}) = \overline{\chi(h)}$. C'est-à-dire que β est réel. L'orthogonalité des deux colonnes médianes, du tableau provisoire, donne :
$$\frac{p-1}{2} - 2\beta(\beta + 1) = 0.$$

En résolvant cette équation on obtient :
$$\beta = \frac{-1 \pm \sqrt{p}}{2}.$$

Deuxième cas : $(\frac{-1}{p}) = -1$. Cette fois-ci β n'est plus réel, mais les deux dernières lignes du tableau sont imaginaires conjuguées (donc $\overline{\beta} = -1 - \beta$). Le même calcul, utilisant l'orthogonalité des colonnes, conduit à l'équation :

$$2\beta^2 + 2\beta + \frac{p+1}{2} = 0.$$

On en déduit :

$$\beta = \frac{-1 \pm i\sqrt{p}}{2}.$$

S'il reste une incertitude sur β, la table des caractères irréductibles de G est néanmoins complète. Voici cette table avec cette imprécision.

G	1	$(h)_{(p-1)/2}$	$(h')_{(p-1)/2}$	$(k^\ell)_p$
χ_j	1	1	1	$\omega^{j\ell}$
χ	$(p-1)/2$	$\frac{1}{2}(-1+\sqrt{(\frac{-1}{p})p}\,)$	$\frac{1}{2}(-1-\sqrt{(\frac{-1}{p})p}\,)$	0
χ'	$(p-1)/2$	$\frac{1}{2}(-1-\sqrt{(\frac{-1}{p})p}\,)$	$\frac{1}{2}(-1+\sqrt{(\frac{-1}{p})p}\,)$	0

Application au calcul d'une somme de Gauss

Le calcul que nous venons de conduire permet une estimation de la somme de Gauss :

$$g = \sum_{\ell=1\ldots p-1} \left(\frac{\ell}{p}\right)\theta^\ell,$$

avec, toujours, $\theta = \exp(2i\pi/p)$. Notons S (resp. S') l'ensemble des carrés (resp. des non carrés) de $(\mathbb{Z}/p\mathbb{Z})^*$. D'où l'expression suivante de g :

$$g = \sum_{\ell\in S} \theta^\ell - \sum_{\ell\in S'} \theta^\ell.$$

Nous avons deux expressions pour $\chi(h)$. La première est lue dans la table précédente, des caractères de G. La seconde s'obtient à partir de la formule de Frobenius, qui donne la valeur du caractère induit :

$$\chi(h) = \sum_{\ell=1\ldots(p-1)/2} \chi_1(k^{-\ell}hk^\ell).$$

Ou encore

$$\chi(h) = \sum_{\ell=1\ldots(p-1)/2} (\theta)^{\alpha^{-2\ell}}.$$

Or quand ℓ varie de 1 à $(p-1)/2$ le nombre $\alpha^{-2\ell}$ décrit l'ensemble S (on rappelle que α n'est pas un carré). D'où l'égalité :

$$\sum_{\ell\in S} \theta^\ell = \frac{1}{2}\left(-1 + \sqrt{\left(\frac{-1}{p}\right)p}\,\right)$$

Mais, comme on a évidemment

$$0 = 1 + \sum_{\ell=1\ldots p-1} \theta^\ell = 1 + \sum_{\ell \in S} \theta^\ell + \sum_{\ell \in S'} \theta^\ell,$$

on en déduit :

$$g = 2\sum_{\ell \in S} \theta^\ell + 1 = \sqrt{\left(\frac{-1}{p}\right)p}\ .$$

On préférera cette formule, sans incertitude :

$$g^2 = \left(\frac{-1}{p}\right)p.$$

8.1.3 La loi de Gauss

Le symbole de Legendre[3], $\left(\dfrac{a}{p}\right) : \mathbb{Z}/p\mathbb{Z}^* \to \{\pm 1\}$, indicateur des carrés, est un caractère de degré 1 du groupe multiplicatif du corps $\mathbb{Z}/p\mathbb{Z}$. Ce groupe est cyclique, d'ordre pair $(p-1)$. Les carrés en constituent le sous-groupe cyclique d'indice 2. On a :

$$\left(\frac{a}{p}\right) = a^{(p-1)/2} \bmod p,\ a \neq 0 \bmod p.$$

Cette formule est, dans la pratique, peu efficace pour décider si un entier est un carré modulo p. La loi de réciprocité quadratique de Gauss conduit à une solution plus rapide de ce problème.

Théorème 8.3 (Loi de réciprocité quadratique de Gauß) — *Soient p et q deux nombres premiers impairs ; on a :*

$$\left(\frac{p}{q}\right)\left(\frac{q}{p}\right) = (-1)^{\frac{p-1}{2}\frac{q-1}{2}}.$$

Pour la démonstration nous utiliserons la somme de Gauss introduite plus haut :

$$g = \sum_{j=1\ldots p-1} \left(\frac{j}{p}\right)\theta^j.$$

Une première information sur g nous est déjà connue :

$$g^2 = \left(\frac{-1}{p}\right)p.$$

Nous allons encore établir la formule :

$$\left(\frac{\left(\frac{-1}{p}\right)p}{q}\right) = \left(\frac{q}{p}\right).$$

---

[3] Pour une démonstration succincte de la loi de Gauss, basée uniquement sur les corps finis, cf. [18, Chapitre1] ; voir aussi [14, page 314].

Notons $E = \mathbb{Z}[\theta]$ le sous-anneau de $\mathbb{C}$, engendré par $\mathbb{Z}$ et θ. On a, puisque q est premier impair :

$$g^q = \sum_{j=1\ldots p-1} \left(\frac{j}{p}\right)\theta^{qj} \mod qE.$$

Cette expression peut encore, en vertu du caractère multiplicatif du symbole de LEGENDRE, s'écrire sous la forme :

$$g^q = \left(\frac{q}{p}\right) \sum_{j=1\ldots p-1} \left(\frac{qj}{p}\right)\theta^{qj} \mod (qE).$$

On reconnaît :

$$g^q = \left(\frac{q}{p}\right)g \mod (qE).$$

Maintenant :

$$\left(\frac{(\frac{-1}{p})p}{q}\right) = \left((\frac{-1}{p})p\right)^{\frac{q-1}{2}} = (g^2)^{\frac{q-1}{2}} = g^{q-1}.$$

En multipliant par g^2, on en déduit la congruence :

$$\left(\frac{(\frac{-1}{p})p}{q}\right)g^2 = \left(\frac{q}{p}\right)g^2 \mod (qE).$$

Mais, p et q étant premiers entre eux, g^2 est inversible dans E/qE ; il en découle cette nouvelle congruence :

$$\left(\frac{(\frac{-1}{p})p}{q}\right) = \left(\frac{q}{p}\right) \mod (qE).$$

Et en fait, comme q est impair, on a l'égalité recherchée :

$$\left(\frac{(\frac{-1}{p})p}{q}\right) = \left(\frac{q}{p}\right).$$

L'obtention de la formule de réciprocité n'est plus, maintenant, qu'une formalité :

$$\left(\frac{q}{p}\right) = \left(\frac{(\frac{-1}{p})p}{q}\right) = \left(\frac{(-1)^{\frac{p-1}{2}}p}{q}\right) = (-1)^{\frac{p-1}{2}\frac{q-1}{2}}\left(\frac{p}{q}\right).$$

La propriété multiplicative du symbole de LEGENDRE ramène sa détermination aux couples de nombres premiers. La formule de réciprocité restreint encore sa connaissance aux deux symboles $\left(\frac{-1}{p}\right)$ et $\left(\frac{2}{p}\right)$. □

Calcul de $\left(\frac{2}{p}\right)$. Pour être complet, dans la possibilité de décider si a est résidu quadratique modulo p, il nous faut encore pouvoir le faire pour le nombre premier 2 (on rappelle que p est premier et impair). L'homothétie de rapport 2 est un automorphisme du groupe additif de $\mathbb{Z}/p\mathbb{Z}$. Le sous-ensemble représenté par les entiers $1,\ldots(p-1)/2$ a pour image le sous-ensemble représenté par les nombres pairs $2,\ldots,p-1$. On a l'égalité :

$$2.4.\ldots.(p-1) = 2^{(p-1)/2}\left(\frac{p-1}{2}!\right).$$

La translation de $-p$ dans $\mathbb{Z}$ établit une bijection entre les nombres pairs de l'intervalle $[p/2, p]$ et les nombres impairs de l'intervalle $[-p/2, 0]$. Ces derniers sont en bijection avec les nombres impairs de l'intervalle $[0, p/2]$. D'où la congruence :

$$2^{(p-1)/2}\left(\frac{p-1}{2}!\right) \equiv (-1)^\mu \left(\frac{p-1}{2}!\right) \mod p,$$

où μ est le nombre des entiers impairs compris entre 0 et $(p-1)/2$. Mais $((p-1)/2)!$ est inversible dans $\mathbb{Z}/p\mathbb{Z}$. On en déduit :

$$2^{(p-1)/2} \equiv (-1)^\mu \mod p.$$

Déterminons μ. Lorsque $(p-1)/2$ est pair, μ égale $(p-1)/4$; lorsque $(p-1)/2$ est impair, μ vaut $(p+1)/4$. D'où le résultat :

$$\left(\frac{2}{p}\right) = \begin{cases} 1 & \text{si } p \equiv \pm 1 \mod 8, \\ -1 & \text{si } p \equiv \pm 3 \mod 8. \end{cases}$$

Exemple. Le nombre premier 1997 est-il résidu quadratique modulo 1999 ? Réponse : non. En effet, on a :

$$\left(\frac{1997}{1999}\right) = \left(\frac{1999}{1997}\right) = \left(\frac{2}{1997}\right) = -1.$$

8.2 Les groupes de Frobenius

Soient G un groupe fini et H un sous-groupe propre de G.

Définition 8.4 — *Le couple (G, H) est appelé un couple de* Frobenius *si :*

$$H \bigcap gHg^{-1} = \{1\}, \quad g \notin H.$$

Pour tout couple de Frobenius (G, H) on note

$$U = \bigcup_{g \in G} gHg^{-1} \setminus \{1\} \quad et \quad K = G \setminus U.$$

Cette partie K est appelée le complément de H dans G. On a alors le résultat remarquable suivant :

Théorème 8.5 — *Soit (G, H) un couple de* FROBENIUS*, de complément K. Alors K est un sous-groupe distingué de G ; de plus le groupe G est le produit semi-direct des sous-groupes K et H.*

Remarque. Observer que, dans un couple de FROBENIUS (G, H), de complément K, l'intersection $H \cap K$ est banale ; il n'en est pas de même des deux autres propriétés du produit semi-direct, à savoir : K est un sous-groupe distingué de G ($K \triangleleft G$) et les sous-groupes H et K engendrent G ($HK = G$).

Exemples. Voici pour se familiariser à la situation quelques exemples de couples de FROBENIUS avec leur complément.

Soit G un groupe non abélien d'ordre pq avec p et q premiers, distincts, $p < q$. Le groupe G contient q sous-groupes de p-SYLOW, conjugués entre eux et n'ayant deux à deux que l'élément neutre en commun. L'ensemble U est formé des $q(p-1)$ éléments d'ordre p. Le complément K est l'unique sous-groupe de q-SYLOW de G, qui est bien distingué. On peut prendre pour H l'un quelconque des sous-groupes de p-SYLOW.

Un second exemple est donné par le groupe diédral $\mathfrak{D}_n$, avec n impair. Le sous-groupe H est l'un quelconque des sous-groupes d'ordre 2 engendré par une symétrie-droite. L'ensemble U est formé des n symétries-droite de $\mathfrak{D}_n$ qui, on s'en souvient, dans le cas n impair, constituent une seule classe de conjugaison de $\mathfrak{D}_n$. Le complément K est le sous-groupe d'indice deux, formé des n rotations de $\mathfrak{D}_n$. On se rappelle aussi que, lorsque n est pair, les n symétries-droite se répartissent en 2 classes de conjugaison de $\mathfrak{D}_n$. Ceci explique l'hypothèse n impair.

Enfin, voici un troisième exemple. Soit G un sous-groupe du groupe symétrique $\mathfrak{S}_n$. On suppose que G opère transitivement sur l'ensemble $\{1, \ldots, n\}$ et que les sous-groupes $H_i = \mathrm{Stab}_G(i)$ sont des sous-groupes propres de G. Ces sous-groupes sont conjugués dans G, car l'opération de G est transitive. On impose de plus :

$$H_i \cap H_j = \{1\}, \text{ pour } i \neq j.$$

On vérifie facilement que G, accompagné de l'un quelconque des H_i, constitue un couple de FROBENIUS. En fait, cette situation est générique. En effet, si (G, H) est un couple de FROBENIUS, on récupère la situation précédente en faisant opérer G, par translation à gauche, sur les classes à gauche de G modulo H. Le groupe G s'identifie alors à un sous-groupe du groupe des permutations des classes à gauche (on se convaincra de ce dernier point).

Démonstration du théorème.

a. Commençons par dénombrer K. Comme $\mathrm{Norm}_G(H) = H$, le sous-groupe H admet $[G : H]$ conjugués sous l'action de G. On en déduit que

$$|U| = (|H| - 1)[G : H],$$

puisque deux conjugués distincts de H n'ont que l'élément neutre en commun. D'où ce premier résultat sur K :

$$|K| = [G : H].$$

b. Continuons par une propriété des couples de FROBENIUS. Soit φ une fonction définie sur H, à valeurs complexes, constante sur les classes de conjugaison de H et s'annulant en l'élément neutre ($\varphi(1) = 0$). Soit $\tilde{\varphi} = \mathrm{Ind}_H^G(\varphi)$ la fonction induite sur G par φ. La restriction à H de cette fonction vérifie :

$$\mathrm{Res}_H(\tilde{\varphi}) = \varphi.$$

En effet, la formule définissant la fonction induite donne :

$$\tilde{\varphi}(g) = \frac{1}{|H|} \sum_{k \in G, kgk^{-1} \in H} \varphi(kgk^{-1}).$$

On voit que pour $g = 1$ la proposition est satisfaite. Soit maintenant $g \in H \setminus \{1\}$. Si $k \notin H$ alors $kgk^{-1} \notin H$. On en déduit :

$$\tilde{\varphi}(h) = \frac{1}{|H|} \sum_{k \in H} \varphi(khk^{-1}) = \frac{1}{|H|} \varphi(h)|H|,$$

car φ est constante sur la classe de conjugaison de h.

c. Voici une propriété, remarquable et non banale, des couples de FROBENIUS (G, H).

Proposition 8.6 — *Pour tout couple de* FROBENIUS (G, H), *tout caractère irréductible de* H, *distinct du caractère identité, est la restriction à* H *d'un caractère irréductible de* G.

Démonstration. Soit χ un caractère irréductible de H, distinct du caractère identité χ_0. La fonction

$$\varphi = \chi - \chi(1)\chi_0$$

est constante sur les classes de conjugaison de H et s'annule en l'élément neutre de H. On lui applique la remarque précédente. La restriction à H de l'application $\tilde{\varphi} = \mathrm{Ind}_H^G(\varphi)$ est $\mathrm{Res}_H(\tilde{\varphi}) = \varphi$. Il est clair que $\tilde{\varphi}$ est une combinaison à coefficients entiers des caractères irréductibles de G. Bien sûr, et nous allons le vérifier, ces coefficients entiers ne sont pas nécessairement positifs. La formule de réciprocité de FROBENIUS nous permet d'évaluer les deux produits scalaires suivants. Calculons d'abord la longueur de $\tilde{\varphi}$:

$$\langle \tilde{\varphi}, \tilde{\varphi} \rangle_G = \langle \varphi, \mathrm{Res}_H(\tilde{\varphi}) \rangle_H = \langle \varphi, \varphi \rangle_H = 1 + \chi^2(1).$$

Soit maintenant χ_1 le caractère identité de G. On a :

$$\langle \tilde{\varphi}, \chi_1 \rangle_G = \langle \varphi, \chi_0 \rangle_H = -\chi(1).$$

On modifie alors la fonction $\tilde{\varphi}$, en conséquence, en posant :

$$\psi = \tilde{\varphi} + \chi(1)\chi_1.$$

Vérifions que ψ est un caractère irréductible de G, qui prolonge le caractère irréductible χ de H. On observe déjà que :

$$\text{Res}_H(\psi) = \varphi + \chi(1)\chi_0 = (\chi - \chi(1)\chi_0) + \chi(1)\chi_0 = \chi.$$

On en déduit que $\psi(1) = \chi(1) \in \mathbb{N}^+$. Montrons encore que ψ est de longueur 1.

$$\langle \psi, \psi \rangle_G = \langle \tilde{\varphi}, \tilde{\varphi} \rangle_G + 2\chi(1)\langle \tilde{\varphi}, \chi_1 \rangle_G + \chi^2(1)\langle \chi_1, \chi_1 \rangle_G,$$

$$\langle \psi, \psi \rangle_G = 1 + \chi^2(1) + (-2\chi^2(1)) + \chi^2(1) = 1.$$

Il ne reste maintenant plus aucun doute sur le fait que ψ est bien le caractère irréductible recherché. □

d. Identification de K. On note $\text{Ker}(\psi) = \{g \in G, \psi(g) = \psi(1)\}$. On rappelle que si une matrice unitaire a pour trace la dimension de l'espace alors cette matrice est l'identité. On pose :

$$\tilde{K} = \bigcap_\chi \text{Ker}(\psi) = \bigcap_\chi \text{Ker}(\rho_\psi),$$

où χ parcourt l'ensemble des caractères irréductibles de H, autres que le caractère identité, où ψ est associé à χ par le procédé que nous venons de développer et où ρ_ψ est une représentation irréductible de G de caractère ψ. Nous allons montrer que $K = \tilde{K}$.

On voit déjà que $\tilde{K}$ est un sous-groupe distingué de G. Vérifions que $\tilde{K} \cap H = \{1\}$. En effet, si $h \in \tilde{K} \cap H$ alors $\psi(h) = \chi(h) = \chi(1)$; donc h appartient au noyau de chacune des représentations irréductibles de H et donc aussi au noyau de chaque représentation de H. Comme il existe au moins une représentation fidèle de H (la représentation régulière par exemple) on en déduit que $h = 1$. Le sous-groupe de G, engendré par le sous-groupe distingué $\tilde{K}$ et le sous-groupe H, est un produit semi-direct, inclus dans G ; on en déduit l'inégalité : $|\tilde{K}| \leq [G : H]$.

Montrons maintenant l'inclusion : $K \subset \tilde{K}$. En effet, si k est un élément de K, distinct de l'identité, alors k n'appartient à aucun des sous-groupes gHg^{-1}, $g \in G$, conjugués de H. On en déduit que $\text{Ind}_H^G(\varphi)(k) = 0$, pour toute fonction φ constante sur les classes de conjugaison de H (d'après la formule définissant la fonction induite). Il en résulte que, pour tout caractère irréductible χ de H, distinct de χ_0, de caractère irréductible associé ψ, on a : $\psi(k) = \chi(1) = \psi(1)$ (puisque $\tilde{\varphi}(1) = 0$). Autrement dit $k \in \text{Ker}(\psi)$. On a donc l'inclusion annoncée. Il s'en suit que $|\tilde{K}| \geq |K| = [G : H]$. D'où l'égalité $|\tilde{K}| = [G : H] = |K|$. Finalement on a le résultat annoncé : $\tilde{K} = K$. $\tilde{K} = K$. □

8.3 Caractères des groupes d'ordre p^3, p premier

Il est des familles de groupes pour lesquelles la table des caractères se dresse aisément. Ainsi, par exemple, celles des groupes d'ordre p^3, p premier. Nous supposerons ces groupes non abéliens et p impair (puisque les tables des caractères du groupe diédral $\mathfrak{D}_4$ et du groupe des quaternions $\mathfrak{Q}$ ont déjà été données). Commençons par quelques remarques d'ordre général. Soit G un tel groupe. Il admet un centre non banal (comme tout p-groupe), d'ordre p (car $G/\text{Cent}(G)$ n'est pas monogène). Ce centre est aussi le groupe dérivé de G (car $G/\text{Cent}(G)$ est d'ordre p^2, donc abélien, et $G' \neq \{1\}$). Enfin le groupe quotient G/G' est abélien de type (p,p). On en déduit les p^2 caractères de degré 1 de G. Le degré d'un caractère irréductible de G est un diviseur de p^3 et son carré n'excède pas p^3. Il en découle que G possède $(p-1)$ caractères de degré p. Il est bien connu qu'il existe deux familles de groupes d'ordre p^3 [5]. Nous allons utiliser des présentations différentes pour chacune des deux familles.

8.3.1 Première famille

Un groupe G^4 de cette famille est représenté, fidèlement, comme un sous-groupe d'un groupe linéaire sur le corps fini $\mathbb{Z}/p\mathbb{Z}$:

$$G = \left\{ \begin{pmatrix} 1 & x & y \\ 0 & 1 & z \\ 0 & 0 & 1 \end{pmatrix} \; x,\, y,\, z \in \mathbb{Z}/p\mathbb{Z} \right\} \subset GL_3(\mathbb{Z}/p\mathbb{Z}).$$

Cette représentation est très commode. On observe sans difficulté que

$$\text{Cent}(G) = \left\{ \begin{pmatrix} 1 & 0 & y \\ 0 & 1 & 0 \\ 0 & 0 & 1 \end{pmatrix},\, y \in \mathbb{Z}/p\mathbb{Z} \right\},$$

que tout élément de $G \setminus \{1\}$ est d'ordre p (attention : ceci n'est plus vrai pour p=2) et que les trois matrices

$$A = \begin{pmatrix} 1 & 1 & 0 \\ 0 & 1 & 0 \\ 0 & 0 & 1 \end{pmatrix},\; B = \begin{pmatrix} 1 & 0 & 0 \\ 0 & 1 & 1 \\ 0 & 0 & 1 \end{pmatrix},\; C = \begin{pmatrix} 1 & 0 & -1 \\ 0 & 1 & 0 \\ 0 & 0 & 1 \end{pmatrix}$$

engendrent G. En fait, le groupe G est défini par les générateurs et relations suivants

$$a^p = b^p = c^p = 1,\; ac = ca,\; bc = cb,\; bab^{-1} = ac.$$

Soit $H = <A, C>$ le sous-groupe de G engendré par A et C. Il est également abélien, de type (p,p) et il est distingué dans G. De plus G est le produit semi-direct des sous-groupes H et $K = <B>$. Ainsi les classes de G modulo H sont représentées par les puissances de B. Quant aux classes de conjugaison, voici un représentant pour chacune d'elles :

$$1,\; C^\ell,\; A^\ell C,\; A^m B^\ell,\; \ell = 1, \ldots, p-1,\; m = 0, \ldots, p-1.$$

---
[4]Le groupe G est un p-Sylow du groupe linéaire $GL_3(\mathbb{Z}/p\mathbb{Z})$.

Nous allons déterminer les caractères de degrés p de G par induction. Considérons les caractères suivants sur H, de degré 1 et définis par :

$$\chi_{0,k}(A) = \omega^k, \ \chi_{o,k}(C) = \omega^k, \ k = 1, \ldots, p-1, \ \omega = \exp(2i\pi/p).$$

Les caractères conjugués de $\chi_{o,k}$, par les puissances de B, vérifient :

$$\chi_{B^\ell,k}(A) = \chi_{0,k}(B^\ell A B^{-\ell}) = \chi_{0,k}(AC^\ell) = \omega^{k(1+\ell)} \neq \omega^k.$$

Le critère de MACKEY implique que les $\chi_k = \text{Ind}_H^G(\chi_{0,k})$, $1 \leq k \leq p-1$, sont des caractères irréductibles de degré p de G. Le compte est bon. De plus, nous avons :

$$\chi_k(C^\ell) = p\,\chi_{0,k}(C^\ell) = p\,\omega^{k\ell}.$$

Nous en déduisons la nullité de χ_k sur les autres classes de conjugaison. Voici donc la table des caractères des groupes d'ordre p^3, non abéliens et dont tous les éléments, différents de l'unité, sont d'ordre p :

G	1	$(C^\ell)_{(1)}$ $1 \leq \ell \leq p-1$	$(A^\ell C)_{(p)}$ $1 \leq \ell \leq p-1$	$(A^m B^\ell)_{(p)}$ $1 \leq \ell \leq p-1$ $0 \leq m \leq p-1$
$\chi_{i,j}$ $0 \leq i,j \leq p-1$	1	1	$\omega^{i\ell}$	$\omega^{i\ell+jm}$
χ_k $1 \leq k \leq p-1$	p	$p\,\omega^{k\ell}$	0	0

8.3.2 Seconde famille

Des analogies avec la première famille nous permettront d'être plus bref. Cette fois-ci, nous voyons un représentant G de cette famille, comme le produit semi-direct, d'un sous-groupe cyclique d'ordre p^2, soit $H = <A>$, distingué dans G, et d'un sous-groupe cyclique d'ordre p, soit $K = <B>$. L'opération de K sur H est déterminée par la relation

$$BAB^{-1} = A^{p+1}$$

Le groupe G est donc défini par les générateurs et relations suivants :

$$a^{p^2} = b^p = 1, \ bab^{-1}a^{-1} = a^p.$$

La détermination des caractères de degré 1 est semblable à celle de la première famille. Les classes de conjugaison de G sont représentées par les éléments :

$$1, \ A^{\ell p}, \ A^\ell, \ A^m B^\ell, \ 1 \leq \ell \leq p-1, \ 0 \leq m \leq p-1.$$

Les $(p-1)$ caractères de degré p de G s'obtiennent par induction, à partir des caractères de degré 1 de H, caractérisés par :

$$\chi_{0,k}(A) = \omega_1^k, \ 1 \leq k \leq p-1, \ \omega_1 = \exp(\frac{2i\pi}{p^2}).$$

Réalisons bien, au passage, que : $\omega = \omega_1^p$.
Les conjugués, par les puissances de B de ces caractères, satisfont aux exigences du critère de MACKEY. En effet, on a :

$$\chi_{B^\ell,k}(A) = \chi_{0,k}(B^\ell A B^{-\ell}) = \chi_{0,k}(A^{(1+p)^\ell}) = \omega_1^{k(1+p)^\ell} = \omega_1^{k(1+\ell p)} \neq \omega_1^k.$$

D'où les $(p-1)$ caractères irréductibles de G de degré p et leurs valeurs sur le centre de G :

$$\chi_k(A^{\ell p}) = \mathrm{Ind}_H^G(\chi_{0,k})(A^{\ell p}) = p\omega_1^{k\ell p} = p\omega^{k\ell}.$$

Ici encore le caractère χ_k, de longueur 1, s'annule en dehors du centre de G.
(*Remarque*. Le sous-groupe H étant distingué on pouvait déjà prévoir, comme précédemment d'ailleurs, l'annulation des induites sur $G \setminus H$.)
Voici la table des caractères de G, groupe non-abélien d'ordre p^3 et ayant des éléments d'ordre p^2 :

G	1	$(A^{\ell p})_{(1)}$ $1 \leq \ell \leq p-1$	$(A^\ell)_{(p)}$ $1 \leq \ell \leq p-1$	$(A^m B^\ell)_{(p)}$ $1 \leq \ell \leq p-1$ $0 \leq m \leq p-1$
$\chi_{i,j}$ $0 \leq i,j \leq p-1$	1	1	$\omega^{i\ell}$	$\omega^{i\ell+jm}$
χ_k $1 \leq k \leq p-1$	p	$p\,\omega^{k\ell}$	0	0

Il est remarquable que ces deux familles de groupes, non isomorphes, admettent la même famille de tables de caractères. Ce phénomène généralise celui déjà observé avec les groupes $\mathfrak{D}_4$ et $\mathfrak{Q}$.

8.4 Caractères des groupes $\mathfrak{A}_5$ et $\mathfrak{S}_5$

La recherche des caractères du groupe alterné $\mathfrak{A}_5$ est attrayante.

8.4.1 Les cycles de longueur n de $\mathfrak{S}_n$, n impair

On rappelle qu'un cycle de longueur impaire est pair. Notons E l'ensemble des cycles de longueur n du groupe symétrique $\mathfrak{S}_n$. Tout cycle $c \in E$ se met d'une seule façon sous la forme : $c = (i_1, i_2, \ldots, i_{n-1}, n)$. Soit θ l'application définie sur E par :

$$\theta : E \to \{\pm 1\}, \quad c \mapsto \theta(c) = \mathrm{sg}\begin{pmatrix} 1 & 2 & \cdots & n-1 \\ i_1 & i_2 & \cdots & i_{n-1} \end{pmatrix}.$$

On observe que, pour $\sigma \in \mathfrak{S}_{n-1} \hookrightarrow \mathfrak{S}_n$ (c'est-à-dire $\sigma(n) = n$) on a :

$$\theta(\sigma \circ c \circ \sigma^{-1}) = \mathrm{sg}(\sigma)\,\theta(c).$$

On en déduit que $\mathfrak{S}_{n-1}$, qui opère par conjugaison et transitivement sur E, voit son action, restreinte à $\mathfrak{A}_{n-1}$, décomposer l'ensemble E en deux orbites

$$\mathcal{O}_i = \{c \in E,\ \theta(c) = i\},\ i = \pm 1.$$

Enfin soient $c_1 = (1, 2, \ldots, n) \in E$ et $\tau_k = (k, n)$, $1 \leq k \leq n-1$. Le calcul direct donne :

$$\theta(\tau_k \circ c_1 \circ \tau_k) = -1$$

(ici l'hypothèse n impair est primordiale). On en déduit que les deux orbites de E, déjà stables sous l'action de $\mathfrak{A}_{n-1}$, le sont encore sous l'action de $\mathfrak{A}_n$.

Proposition 8.7 — *Lorsque l'entier n est impair l'ensemble des cycles de longueur n se décompose en deux orbites sous l'action de la conjugaison par les éléments de $\mathfrak{A}_n$.*

Remarque. Si $n \equiv 1 \pmod 4$, le cycle $c_1^{-1} = (n, n-1, \ldots, 1)$ est obtenu à partir du cycle c_1, à l'issue d'un nombre pair de conjugaisons par des transpositions de la forme $(i, n-i)$. On en déduit la stabilité de chacune de nos deux orbites par passage à l'inverse (les spécialistes parlent de classes paires). Si $n \equiv 3 \pmod 4$ le passage à l'inverse échange ces deux classes. Rappelons que sur une classe de conjugaison, stable par passage à l'inverse, un caractère ne peut prendre que des valeurs[5] réelles[6].

8.4.2 Les classes de conjugaison de $\mathfrak{A}_5$

Il est facile de vérifier que l'identité, les quinze produits de deux transpositions à supports disjoints et les vingt 3-cycles constituent 3 des 5 classes de conjugaison de $\mathfrak{A}_5$. L'ensemble (que nous avons désigné par E) des vingt-quatre 5-cycles se scinde en deux classes de 12 éléments chacune. Ces classes sont représentées par les deux 5-cycles : $(1,2,3,4,5)$ et $(2,1,3,4,5)$.

---

[5] Pour plus d'informations sur la réalité des caractères on se reportera aux exercices 9 et 10 de l'annexe B.

[6] Pour la malice on lira l'exercice de N. JACOBSON [9, page 298, exercice 1]

8.4.3 Les caractères de $\mathfrak{A}_5$

Il nous faut maintenant exhiber les cinq caractères irréductibles. Le groupe $\mathfrak{A}_5$ est simple et non abélien. Son seul caractère de degré 1 est l'identité.

Une représentation vient à l'esprit, si on se souvient que $\mathfrak{A}_5$ est isomorphe au groupe des déplacements de l'espace euclidien $\mathbb{R}^3$ qui laissent invariant un dodécaèdre régulier (cf. [1, chapitre 12] et observer le petit dessin à la fin de ce chapitre). Dans cet isomorphisme un 5-cycle s'identifie à une rotation de $\pm 2\pi/5$ ou $\pm 4\pi/5$ autour d'un axe joignant les centres de deux faces opposées (on pourra même observer qu'une des classes de 5-cycles est formée des rotations de $\pm 2\pi/5$ tandis que l'autre contient les rotations de $\pm 4\pi/5$; notons, à nouveau, cette différenciation des classes de conjugaison par un argument de nature géométrique). Un 3-cycle est en correspondance avec une rotation de $\pm 2\pi/3$ autour d'un axe joignant deux sommets opposés. Enfin le produit de deux transpositions à supports disjoints s'identifie à un demi-tour autour de la médiatrice commune à deux arêtes parallèles. Cette représentation est irréductible, car il n'y a pas de direction propre commune à toutes ces transformations. D'où un caractère de degré 3, facile à évaluer si on se souvient que la trace d'une rotation de l'espace euclidien $\mathbb{R}^3$ est $1 + 2\cos\alpha$, où α désigne l'angle de la rotation.

La conjugaison dans $\mathbb{Q}(\sqrt{5})$ nous conduit à un second caractère irréductible de degré 3.

Bien sûr, $\mathfrak{A}_5$ opère doublement transitivement sur l'ensemble $\{1,\ldots,5\}$. On en déduit que le caractère de la représentation de permutation est de longueur 2; ce caractère s'écrit $Id + \chi_4$, où χ_4 est un caractère irréductible de degré 4. On évalue sa valeur sur une permutation, en dénombrant ses points fixes.

Une autre représentation de permutation s'impose : celle définie par la conjugaison sur les 6 sous-groupes d'ordre 5 (il s'agit des 5-Sylow, qui regroupent, autour de l'identité, tous les 5-cycles). Son caractère est encore de longueur 2; il fournit un caractère irréductible de degré 5. Il s'écrit $Id + \chi_5$.

Nous laissons au lecteur le soin de vérifier l'exactitude de la table des caractères irréductibles que nous proposons pour le groupe $\mathfrak{A}_5$.

$\mathfrak{A}_5$	1	$(1,2)(3,4)_{15}$	$(1,2,3)_{20}$	$(1,2,3,4,5)_{12}$	$(2,1,3,4,5)_{12}$
Id	1	1	1	1	1
χ_3	3	-1	0	$(1+\sqrt{5})/2$	$(1-\sqrt{5})/2$
χ_3'	3	-1	0	$(1-\sqrt{5})/2$	$(1+\sqrt{5})/2$
χ_4	4	0	1	-1	-1
χ_5	5	1	-1	0	0

8.4.4 Les caractères de $\mathfrak{S}_5$

Nous avons tout en main pour déterminer, sans gros efforts, la table des caractères irréductibles du groupe symétrique $\mathfrak{S}_5$. Les classes de conjugaison sont bien connues et sont au nombre de 7. Il y a 2 caractères de degré 1 : l'identité et la signature. L'opération de permutation de $\mathfrak{S}_5$ sur l'ensemble $\{1,\ldots,5\}$ est doublement transitive. D'où, comme dans le cas précédent, un caractère de longueur 2, de la forme Id + χ_4, dont l'évaluation ne pose pas de problème. Le produit tensoriel du caractère irréductible χ_4 et de la signature fournit un second caractère irréductible χ'_4, également de degré 4. Les sous-groupes de 5-Sylow de $\mathfrak{S}_5$ sont les mêmes que ceux de $\mathfrak{A}_5$. La conjugaison conduit, ici aussi, à un caractère de longueur 2, de la forme Id + χ_5, dont l'évaluation est partiellement faite au paragraphe précédent. Comme précédemment le produit tensoriel de la signature avec le caractère irréductible χ_5 donne à nouveau naissance à un second caractère irréductible de degré 5 ; soit χ'_5 ce caractère. Il reste un caractère irréductible de degré 6, noté χ_6, dont la détermination se fait en utilisant les propriétés d'orthogonalité de la table de caractères irréductibles.

Voici la table que nous proposons pour le groupe symétrique $\mathfrak{S}_5$.

$\mathfrak{S}_5$	1 (1)	(1,2) (10)	(1,2,3) (20)	(1...4) (30)	(1...5) (24)	(1,2)(3,4) (15)	(1,2)(3,4,5) (20)
Id	1	1	1	1	1	1	1
sg	1	-1	1	-1	1	1	-1
χ_4	4	2	1	0	-1	0	-1
χ'_4	4	-2	1	0	-1	0	1
χ_5	5	-1	-1	1	0	1	-1
χ'_5	5	1	-1	-1	0	1	1
χ_6	6	0	0	0	1	-2	0

Nous atteignons ici les limites des méthodes développées jusqu'à présent. Pour pouvoir continuer la détermination des caractères du groupe symétrique, pour des ordres plus élevés, nous allons devoir développer d'autres outils, de nature combinatoire. C'est l'objet du chapitre suivant.

Voici un dodécaèdre (malgré son petit air écrasé il est censé être régulier) avec ses deux tétraèdres (le latin et le grec) représentant chacun une des deux volées de cinq tétraèdres qui composent la figure. On passe d'une famille à l'autre à l'aide de la symétrie par rapport à l'origine (symétrie qui n'est pas un déplacement). Le groupe des déplacements du dodécaèdre permute les tétraèdres, dans chacune des deux familles, et la restriction de l'opération à un 5-Sylow est transitive sur chacune des deux familles. À noter aussi, que si on regroupe chaque tétraèdre avec son symétrique par rapport au centre, on obtient 5 cubes, ou mieux 5 étoiles de Kepler, qui sont permutées transitivement par le groupe des déplacements du dodécaèdre.

Le groupe des isométries de l'espace euclidien $\mathbb{R}^3$, qui laissent invariant le dodécaèdre régulier, est le produit direct de son groupe des déplacements par le sous-groupe d'ordre 2 engendré par la symétrie par rapport à son centre. Il est donc isomorphe à $\mathfrak{A}_5 \times \{\pm 1\}$ et possède 120 éléments.

Attention : cette situation de produit direct pour le groupe des isométries du dodécaèdre est analogue à celle du cube (les deux figures possèdent chacune un centre de symétrie), mais pas à celle du tétraèdre régulier qui, lui, n'a pas de centre de symétrie.

Observer les quatre pentagones horizontaux. Les deux extrêmes sont des faces. Les deux autres, intermédiaires, sont des homothétiques des faces : l'un contient les sommets b et δ l'autre les points β et d. Les arêtes de ces derniers sont des diagonales de faces.

Noter encore que les deux volées de 5 tétraèdres réguliers peuvent aussi se voir à partir des 5 cubes, ou mieux encore des 5 étoiles de DAVID, que l'on obtient en regroupant les tétraèdres 2 par 2.

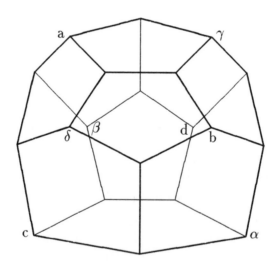

Chapitre 9
Les représentations du groupe symétrique

Pour la description des représentations irréductibles du groupe symétrique [21, Chapitre 14, page 97] il nous faut entrer plus avant dans l'étude de l'algèbre du groupe et introduire les outils combinatoires que sont les formes et tableaux de YOUNG.

9.1 Compléments sur l'algèbre d'un groupe fini

9.1.1 Propriétés universelles de $\mathbb{C}[G]$

L'algèbre $\mathbb{C}[G]$ jouit, par construction, de propriétés universelles. Ainsi soit $\rho : G \to GL(V)$ une représentation de G. On a le diagramme commutatif de factorisation suivant où les flèches verticales sont les inclusions naturelles :

$$\begin{array}{ccc} G & \xrightarrow{\rho} & GL(V) \\ \downarrow & & \downarrow \\ \mathbb{C}[G] & \xrightarrow{\tilde{\rho}} & \mathrm{End}(V). \end{array}$$

Dans un langage plus commun on dit avoir linéarisé la situation. Si, de plus, l'espace vectoriel V est muni d'une structure euclidienne telle que la représentation ρ soit à valeurs dans le groupe unitaire alors la représentation $\tilde{\rho}$ est hermitienne. Enfin les notions de représentations équivalentes ou irréductibles et celles de décompositions en somme directe de sous-espaces stables passent naturellement de ρ à $\tilde{\rho}$.

9.1.2 Interprétation fonctionnelle du produit dans $\mathbb{C}[G]$

Soient $a = \sum_{g \in G} a(g)g$ et $b = \sum_{g \in G} b(g)g$ deux éléments de $\mathbb{C}[G]$. Leur produit est défini par la formule :

$$a \cdot b = \sum_{g,h \in G} a(g)b(h) g \cdot h.$$

En faisant le changement de variable $g \cdot h = k$ il peut aussi s'écrire :

$$a \cdot b = \sum_{k \in G} (\sum_{g \in G} a(g)b(g^{-1}k))k = \sum_{k \in G}(\sum_{g \in G} a(kg^{-1})b(g))k.$$

On voit donc que la composante sur $k \in G$, du produit $a \cdot b$, est le produit de convolution :

$$(a \cdot b)(k) = \sum_{g \in G} a(g)b(g^{-1}k) = \sum_{g \in G} a(kg^{-1})b(g).$$

Nous allons maintenant enrichir l'algèbre $\mathbb{C}[G]$ de structures supplémentaires afin de mieux la maîtriser.

L'involution naturelle de $\mathbb{C}[G]$

Il s'agit de l'involution définie par la formule :

$$a = \sum_{g \in G} a(g)g \mapsto a^* = \sum_{g \in G} \overline{a(g)} g^{-1}.$$

Les propriétés suivantes de cette involution sont immédiates :

$(a^*)^* = a$, $a \cdot a^* = 0 \Leftrightarrow a = 0$, $(a+b)^* = a^* + b^*$, $(\lambda a)^* = \overline{\lambda} a^*$, $(a \cdot b)^* = b^* \cdot a^*$.

9.1.3 Structure euclidienne sur $\mathbb{C}[G]$

On définit un produit scalaire sur $\mathbb{C}[G]$ par la formule :

$$\langle a, b \rangle = \frac{1}{\gamma} \sum_{g \in G} \overline{a}(g) b(g), \ a, \ b \in \mathbb{C}[G].$$

La base naturelle de $\mathbb{C}[G]$, formée des éléments de G, est donc orthogonale pour ce produit scalaire. On vérifie, sans difficulté, les propriétés suivantes :

$$\langle a, b \rangle = \overline{\langle a^*, b^* \rangle} = \langle b^*, a^* \rangle, \ \langle a \cdot b, c \rangle = \langle b, a^* \cdot c \rangle, \ a, \ b, \ c \in \mathbb{C}[G].$$

Compléments sur l'algèbre d'un groupe fini

9.1.4 Idéaux à gauche de $\mathbb{C}[G]$

Soit I un idéal à gauche de $\mathbb{C}[G]$. On constate, à partir de la dernière propriété du produit scalaire sur $\mathbb{C}[G]$, que le sous-espace $I^\perp$ est aussi un idéal à gauche. De plus, comme $I \oplus I^\perp = \mathbb{C}[G]$, on peut écrire l'unité 1 sous la forme :

$$1 = \epsilon_1 + \epsilon_2, \ \epsilon_1 \in I \text{ et } \epsilon_2 \in I^\perp.$$

Mais ϵ_1^2 est élément de I et $\epsilon_1 \cdot \epsilon_2$ est élément de $I^\perp$. On en déduit, en multipliant l'égalité $1 = \epsilon_1 + \epsilon_2$ par ϵ_1 que, d'une part, ϵ_1 est un idempotent ($\epsilon_1^2 = \epsilon_1$) et que, d'autre part, $\epsilon_1 \cdot \epsilon_2 = 0$. De façon symétrique on a également : $\epsilon_2^2 = \epsilon_2$, $\epsilon_2 \cdot \epsilon_1 = 0$. Enfin, tout élément $a \in \mathbb{C}[G]$ s'écrit $a = a \cdot 1 = a \cdot \epsilon_1 + a \cdot \epsilon_2$; on en déduit, en tenant compte des inclusions $\mathbb{C}[G]\epsilon_1 \subset I$ et $\mathbb{C}[G]\epsilon_2 \subset I^\perp$, le caractère monogène des idéaux à gauche I et $I^\perp$:

$$I = \mathbb{C}[G]\epsilon_1, \ I^\perp = \mathbf{C}[G]\epsilon_2.$$

Ajoutons encore les caractérisations suivantes :

$$I = \{a \in \mathbb{C}[G], \ a \cdot \epsilon_1 = a\} \text{ et } I^\perp = \{a \in \mathbb{C}[G], \ a \cdot \epsilon_1 = 0\}.$$

Remarque : Les idéaux à gauche ont la propriété évidente d'être stables sous l'action de G ; ils fournissent donc des représentations linéaires, de degré fini, du groupe G. Si, de plus, un idéal à gauche est minimal (c'est-à-dire ne contient pas lui-même un idéal à gauche non banal), la représentation correspondante est irréductible.

9.1.5 Un calcul de trace

Soit I un idéal à gauche de $\mathbb{C}[G]$ engendré par un idempotent ϵ. On considère la représentation $\rho : G \to GL(I)$ définie par $\rho(g)(a \cdot \epsilon) = g \cdot a \cdot \epsilon$. On se propose de calculer la trace $\chi_\rho(g)$. Pour ce faire on remarque que les deux applications linéaires $\phi(g) : \mathbb{C}[G] \to \mathbb{C}[G]$, $x \mapsto g \cdot x \cdot \epsilon$, et $\rho(g)$ ont la même trace car $\text{Im}(\phi(g)) \subset \text{Im}(\rho(g))$ et $\phi(g)_{|I} = \rho(g)$. On exécute alors le calcul dans la base naturelle de $\mathbb{C}[G]$. On a :

$$\phi(g)(h) = g \cdot h \cdot \epsilon = \sum_{k \in G} \epsilon(k) g \cdot h \cdot k.$$

En faisant le changement de variable $g \cdot h \cdot k = \ell$ il vient :

$$\phi(g)(h) = \sum_{\ell \in G} \epsilon(h^{-1} \cdot g^{-1} \cdot \ell)\ell.$$

La composante sur h est alors $\epsilon(h^{-1} \cdot g^{-1} \cdot h)$. D'où le résultat recherché :

$$\chi_\rho(g) = \sum_{h \in G} \epsilon(h^{-1} \cdot g^{-1} \cdot h).$$

9.2 Les modèles de YOUNG

C'est le mathématicien YOUNG qui, au début du siècle, pour décrire les représentations irréductibles du groupe symétrique $\mathfrak{S}_n$, a introduit les formes, les tableaux et surtout le symétriseur, qui portent aujourd'hui son nom.

9.2.1 Partitions d'entiers et formes de YOUNG

Rappelons qu'une partition de l'entier positif n est une représentation de n comme une somme d'entiers strictement positifs[1]. Comme on ne souhaite pas tenir compte de l'ordre des sommants, on leur impose d'apparaître en ordre décroissant. On écrit donc, pour une partition particulière de n en r sommants :

$$n = \alpha_1 + \alpha_2 + \cdots + \alpha_r, \ \alpha_1 \geq \alpha_2 \geq \ldots \geq \alpha_r \geq 1.$$

La décomposition d'une permutation $\sigma \in \mathfrak{S}_n$, en produit de cycles à supports disjoints (ordonné suivant l'ordre décroissant de la longueur des cycles), fait apparaître une partition de l'entier n en r sommants (on comptabilise aussi les cycles réduits à un point). Ainsi pour $\sigma = c_1 c_2 \ldots c_r$ on a :

$$n = \mathrm{long}(c_1) + \mathrm{long}(c_2) + \cdots + \mathrm{long}(c_r), \ \mathrm{long}c_1 \geq \mathrm{long}(c_2) \geq \ldots \geq \mathrm{long}(c_r).$$

On a établi une bijection entre l'ensemble des partitions de l'entier n et les classes de conjugaison du groupe symétrique $\mathfrak{S}_n$. Une forme de YOUNG (certains auteurs utilisent aussi le mot schéma) est un tableau en forme de potence associé à une partition de l'entier n (comme celle donnée plus haut) et comportant α_i cases vides par ligne, $i = 1, 2, \ldots, r$. Voici un exemple de forme :

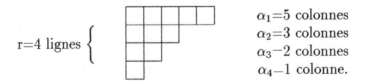

$$r=4 \text{ lignes} \left\{ \begin{array}{l} \alpha_1 = 5 \text{ colonnes} \\ \alpha_2 = 3 \text{ colonnes} \\ \alpha_3 - 2 \text{ colonnes} \\ \alpha_4 - 1 \text{ colonne.} \end{array} \right.$$

On observe la bijection qu'il y a entre l'ensemble des partitions de l'entier n et l'ensemble $\mathfrak{F}_n$ des formes de YOUNG à n cases. A partir d'une forme de YOUNG on fabrique des tableaux (dits aussi de YOUNG) en répartissant les entiers $\{1, 2, \ldots, n\}$ dans les différentes cases de la forme. Chaque ligne représente alors un cycle et le tableau une permutation, produit de ces cycles à supports

---

[1] Pour plus d'informations sur les partitions d'entiers on consultera avec bonheur l'ouvrage de LOUIS COMTET [3, Analyse combinatoire ; tome premier].

disjoints. L'exemple qui suit utilise la forme précédente :

$$\sigma = c_1 c_2 c_3 c_4 \qquad \begin{array}{|c|c|c|c|c|} \hline 1 & 3 & 5 & 11 & 7 \\ \hline 10 & 8 & 6 \\ \cline{1-3} 4 & 9 \\ \cline{1-2} 2 \\ \cline{1-1} \end{array} \qquad \begin{array}{l} c_1 = (1,3,5,11,7) \\ c_2 = (10,8,6) \\ c_3 = (4,9) \\ c_4 = (2) \end{array}$$

On note $\mathfrak{T}_n$ l'ensemble des tableaux de YOUNG. Nous venons de définir une application surjective $\mathfrak{T}_n \to \mathfrak{S}_n$. Bien sûr, on a également une surjection naturelle $\mathfrak{S}_n \to \mathfrak{F}_n$.

9.2.2 Opération de $\mathfrak{S}_n$ sur $\mathfrak{T}_n$

On fait opérer, de la façon suivante, le groupe symétrique $\mathfrak{S}_n$ sur l'ensemble $\mathfrak{T}_n$ des tableaux de YOUNG. Si σ est une permutation on remplace dans chaque case du tableau l'élément par son transformé à l'aide de σ. Voici, comme exemple, le transformé du tableau T précédent par le cycle $\sigma = (1,2,3,4,5,6,7)$:

$$T = \begin{array}{|c|c|c|c|c|} \hline 1 & 3 & 5 & 11 & 7 \\ \hline 10 & 8 & 6 \\ \cline{1-3} 4 & 9 \\ \cline{1-2} 2 \\ \cline{1-1} \end{array} \qquad \mapsto \qquad \sigma T = \begin{array}{|c|c|c|c|c|} \hline 2 & 4 & 6 & 11 & 1 \\ \hline 10 & 8 & 7 \\ \cline{1-3} 5 & 9 \\ \cline{1-2} 3 \\ \cline{1-1} \end{array}$$

La formule de conjugaison, dans le groupe symétrique, d'un cycle par une permutation, permet de vérifier l'affirmation suivante :

Proposition 9.1 — *Soient $T_0 \in \mathfrak{T}_n$ un tableau de YOUNG et $\sigma_0 \in \mathfrak{S}_n$ la permutation associée; pour toute permutation $\sigma \in \mathfrak{S}_n$ le tableau σT_0 est de la même forme que T_0 et a pour permutation associée la conjuguée $\sigma \sigma_0 \sigma^{-1}$ de σ_0.*

9.2.3 Un ordre sur $\mathfrak{F}_n$

On munit $\mathfrak{F}_n$ de l'ordre lexicographique. Soyons plus explicite.
Soient $\alpha = (\alpha_1, \alpha_2, \ldots, \alpha_r)$ et $\beta = (\beta_1, \beta_2, \ldots, \beta_s)$ deux partitions de l'entier n. On dit que $\alpha > \beta$ si on peut trouver un entier k, $1 \leq k \leq r-1$, tel que :

$$\alpha_1 = \beta_1, \ \alpha_2 = \beta_2, \ \ldots, \ \alpha_k = \beta_k, \ \alpha_{k+1} > \beta_{k+1}.$$

C'est un ordre total sur l'ensemble $\mathfrak{F}_n$ des formes de YOUNG.

9.2.4 Stabilisateurs associés à un tableau de Young

Soit $T \in \mathfrak{T}_n$ un tableau de Young de forme $\alpha = (\alpha_1, \alpha_2, \ldots, \alpha_r)$. On lui associe deux sous-groupes de $\mathfrak{S}_n$. Le premier, Λ, est formé des permutations qui stabilisent globalement chacune des lignes du tableau T. Ce groupe est isomorphe au groupe produit $\prod_{i=1\ldots r} \mathfrak{S}_{\alpha_i}$. Le second, Δ, se compose, de façon analogue, des permutations qui stabilisent globalement chacune des colonnes de T. Il est aussi isomorphe à un produit direct de groupes symétriques. On vérifie sans peine que $\Lambda \cap \Delta = \{1\}$.

Proposition 9.2 — *Soient $T \in \mathfrak{T}_n$ un tableau de Young et $\sigma \in \mathfrak{S}_n$ une permutation; si Λ et Δ sont les sous-groupes associés à T alors $\sigma\Lambda\sigma^{-1}$ et $\sigma\Delta\sigma^{-1}$ sont les sous-groupes associés à σT.*

Le lecteur fera la vérification.

9.2.5 Un critère d'égalité des formes de deux tableaux de Young

Proposition 9.3 — *Soient T et T' deux tableaux de Young de forme respective $\alpha = (\alpha_1, \alpha_2, \ldots, \alpha_r)$ et $\alpha' = (\alpha'_1, \alpha'_2, \ldots, \alpha'_{r'})$, avec $\alpha \geq \alpha'$; on suppose que deux éléments d'une même colonne de T' ne sont jamais dans une même ligne de T. Alors $\alpha = \alpha'$; de plus il existe $\ell \in \Lambda$ et $d \in \Delta$ tels que $T' = \ell d T$.*

Démonstration. Puisque les éléments de la première ligne de T sont dans des colonnes distinctes de T', c'est que T' admet au moins α_1 colonnes; on a donc $\alpha_1 = \alpha'_1$. On note Λ et Δ (resp. Λ' et Δ') les stabilisateurs associés au tableau T (resp T'). On peut remonter certains éléments de T' dans la première ligne; c'est-à-dire qu'il existe $d'_1 \in \Delta'$ tel que la première ligne de $d''T'$ coïncide, à l'ordre près, avec celle de T. Il existe donc $\ell_1 \in \Lambda$ tel que les deux tableaux $\ell_1 T$ et $d'_1 T'$ aient la même première ligne. On itère cette opération avec les tableaux $\ell_1 T$ et $d'_1 T'$ dont la première ligne est maintenant figée. On arrive alors à une égalité du type $\ell T = d' T'$, avec $\ell \in \Lambda$ et $d' \in \Delta'$ bien choisis. Cette dernière égalité s'écrit aussi $T' = (d')^{-1} \ell T$. On se souvient que les groupes Δ et Δ' sont conjugués, via $\sigma = (d')^{-1}\ell$; il existe donc $d \in \Delta$ tel que

$$(d')^{-1} = (d')^{-1} \ell d \ell^{-1} d'.$$

On en tire l'égalité $(d')^{-1} = \ell d \ell^{-1}$, puis la relation cherchée : $T' = \ell d T$. □

Remarques :

 a. Puisque les formes sont égales il existe $\sigma \in \mathfrak{S}_n$ tel que $T' = \sigma T$; la proposition affirme que l'on peut prendre σ sous la forme $\sigma = \ell d$, $\ell \in \Lambda$ et $d \in \Delta$.

 b. La condition qui apparaît dans la proposition 9.3 exprime l'absence de transposition $\tau \in \mathfrak{S}_n$, dans l'intersection $\Lambda \cap \Delta'$.

Le symétriseur de YOUNG

Soient $T \in \mathfrak{T}_n$ un tableau de YOUNG, Λ et Δ les sous-groupes de $\mathfrak{S}_n$ associés. On pose :
$$\lambda = \sum_{\sigma \in \Lambda} \sigma \quad \text{et} \quad \delta = \sum_{\sigma \in \Delta} \text{sg}(\sigma)\sigma.$$
Soit alors $y = \lambda \cdot \delta \in \mathbb{C}[\mathfrak{S}_n]$; c'est le symétriseur de YOUNG. Ces trois éléments, qui sont les clés de notre affaire, satisfont aux propriétés élémentaires suivantes, où sg désigne toujours la signature dans le groupe symétrique :
1. $\lambda \neq 0$, $\delta \neq 0$, $y \neq 0$ (car $y(1) = 1$ puisque $\Delta \cap \Lambda = \{1\}$),
2. $\ell \cdot \lambda = \lambda \cdot \ell = \lambda$, $\ell \in \Lambda$,
3. $\text{sg}(d)d \cdot \delta = \delta \cdot \text{sg}(d)d = \delta$, $d \in \Delta$,
4. $\lambda^2 = |\Lambda|\lambda$,
5. $\delta^2 = |\Delta|\delta$,
6. $\ell \cdot y \cdot \text{sg}(d)d = y$, $\ell \in \Lambda$, $d \in \Delta$.

La justification, élémentaire, est laissée au lecteur.

9.2.6 Une propriété des tableaux de formes différentes

Soient T et T' deux tableaux de YOUNG, de formes distinctes α et α', avec $\alpha > \alpha'$. On note toujours $\lambda \in \mathbb{C}[\mathfrak{S}_n]$ l'élément associé au stabilisateur Λ ; de même $\delta' \in \mathbb{C}[\mathfrak{S}_n]$ est l'élément associé à Δ'.

Proposition 9.4 — *On a les trois relations suivantes :*
$$\lambda \cdot \delta' = 0, \ \lambda \cdot \sigma \cdot \delta' \cdot \sigma^{-1} = 0, \ \sigma \in \mathfrak{S}_n, \ \lambda \cdot a \cdot \delta' = 0, \ a \in \mathbb{C}[\mathfrak{S}_n].$$

Démonstration. Pour établir la première relation, il suffit d'observer qu'il existe une transposition $\tau = (i, j)$ telle que son support soit simultanément dans une même ligne de T et dans une même colonne de T' (d'après la proposition qui précède). On a alors, toujours en vertu de la troisième propriété qui précède :
$$\lambda \cdot \delta' = \lambda \cdot \tau \cdot \text{sg}(\tau)\tau \cdot \delta' = -\lambda \cdot \delta'.$$

Pour la seconde relation on se souvient que gT' et T' sont de la même forme ; on utilise alors la relation que l'on vient d'établir. Enfin, soit $a = \sum_{\sigma \in \mathfrak{S}_n} a(\sigma)\sigma$ un élément de $\mathbb{C}[\mathfrak{S}_n]$. On a successivement :
$$\lambda \cdot \sigma \cdot \delta' \cdot \sigma^{-1} = 0, \ \sigma \in \mathfrak{S}_n,$$
$$\lambda \cdot a(\sigma)\sigma \cdot \delta' \cdot \sigma^{-1} = 0, \ \sigma \in \mathfrak{S}_n,$$
$$\lambda \cdot a(\sigma)\sigma \cdot \delta' \cdot \sigma^{-1} \cdot \sigma = 0, \ \sigma \in \mathfrak{S}_n,$$
$$\sum_{\sigma \in \mathfrak{S}_n} \lambda \cdot a(\sigma)\sigma \cdot \delta' = 0.$$

Ou encore $\lambda \cdot a \cdot \delta' = 0$. C'est la relation proposée. □

Corollaire 9.5 — *Soient y et y' les symétriseurs de* Young *associés aux deux tableaux de* Young T *et* T', *de forme* α *et* α', $\alpha > \alpha'$; *on a alors* $y \cdot y' = 0$.

C'est une conséquence immédiate de la dernière relation établie, puisqu'on peut écrire $y \cdot y' = \lambda \cdot (\delta \cdot \lambda') \cdot \delta' = 0$.

9.2.7 Propriété caractéristique du symétriseur de Young

Soit y le symétriseur associé à un tableau de Young T.

Proposition 9.6 — *Si un élément $a \in \mathbb{C}[\mathfrak{S}_n]$ vérifie la double stabilité*

$$\ell \cdot a \cdot \mathrm{sg}(d)d = a, \ \ell \in \Lambda, \ d \in \Delta,$$

alors $a = ky$, $k \in \mathbb{C}$.

Démonstration. Comparons les composantes de $a = \sum_{\sigma \in \mathfrak{S}_n} a(\sigma)\sigma$ avec celles de $\ell \cdot a \cdot \mathrm{sg}(d)d$. Cherchons la composante sur $\sigma = \ell \cdot d$ dans le terme de gauche. Il vient : $\mathrm{sg}(d)a(1) = a(\ell d)$ et ce pour tout ℓ dans Λ et tout d dans Δ. Soit maintenant une permutation σ qui n'est pas un produit de la forme ℓd. Vérifions que $a(\sigma) = 0$. Comparons les tableaux T et $T' = \sigma T$. On utilise maintenant la remarque 1 du paragraphe 9.2.5. Il existe une transposition $\tau = (i, j)$ telle que son support soit sur une ligne de T et sur une colonne de T'. La transposition τ stabilise les colonnes de T'. Sa conjuguée $\sigma^{-1}\tau(\sigma)$ stabilise donc les colonnes de T. On pose alors $\ell = \tau$ et $d = (\sigma)^{-1}\tau\sigma$. On voit maintenant, en appliquant l'hypothèse à la composante sur σ de a, que $a(\sigma) = \mathrm{sg}(d)a(\sigma)$. D'où le résultat puisque la signature d'une transposition égale -1. □

Corollaire 9.7 — *On a la relation :* $y \cdot a \cdot y \in \mathbb{C}y$, $a \in \mathbb{C}[\mathfrak{S}_n]$.

C'est clair car $y \cdot a \cdot y$ satisfait aux conditions de la proposition ci-dessus.

9.3 Les représentations irréductibles de $\mathfrak{S}_n$

Nous avons maintenant en mains tous les outils nécessaires pour donner un échantillon représentatif de chacune des classes de représentations irréductibles du groupe symétrique $\mathfrak{S}_n$ [13, chapitre 2].

Représentation irréductible associée à un tableau de Young

Soit y le symétriseur de Young d'un tableau de $\mathfrak{T}_n$.

Proposition 9.8 — *L'idéal à gauche, engendré dans $\mathbb{C}[\mathfrak{S}_n]$ par le symétriseur y, est minimal.*

Démonstration. Soit I l'idéal à gauche engendré par y et J un idéal inclus dans I. On a les inclusions $yJ \subset yI \subset \mathbb{C}y$. (Pour la dernière inclusion, il faut se souvenir de la propriété caractéristique du symétriseur de Young et de son corollaire.)

L'espace vectoriel $\mathbb{C}y$ est de dimension 1 ; aussi, pour cause de dimension, on a deux possibilités :

1. Soit $yJ = \mathbb{C}y$; ce qui implique la chaîne suivante :

$$I = \mathbb{C}[\mathfrak{S}_n]y = \mathbb{C}[\mathfrak{S}_n](\mathbb{C}y) = \mathbb{C}[\mathfrak{S}_n]yJ \subset J.$$

Et donc $I = J$.

2. Soit $yJ = \{0\}$; ce qui implique la chaîne :

$$J^2 \subset IJ = \mathbb{C}[\mathfrak{S}_n]yJ = \{0\}.$$

C'est-à-dire $J^2 = \{0\}$. Mais si $a \in J$ on a aussi $a^*a \in J$ et donc $(a^*a)^2 = 0$. Mais $(a^*a)^2 = (a^*a)(a^*a)^* = 0$ implique $a^*a = 0$. Ce qui impose $a = 0$. □

Nous venons d'associer à un tableau de YOUNG une représentation irréductible, non réduite à $\{0\}$, du groupe symétrique $\mathfrak{S}_n$.

Proposition 9.9 — *Les représentations associées à deux tableaux de YOUNG de formes différentes ne sont pas équivalentes.*

Démonstration. Soient T et T' deux tableaux de YOUNG de formes respectives α et α', $\alpha > \alpha'$ et de symétriseurs respectifs $y = \lambda \cdot \delta$ et $y' = \lambda' \cdot \delta'$. Si les représentations étaient équivalentes l'endomorphisme associé à λ aurait des effets comparables sur les deux espaces de représentation. Sur l'espace vectoriel sous-jacent à l'idéal engendré par y son effet n'est pas nul puisque $\lambda \cdot y = |\Lambda|y \neq 0$ tandis que sur celui sous-tendu par y' l'effet est nul puisque, d'après la troisième propriété de la proposition 9.4, $\lambda \cdot y' = \lambda \cdot \lambda' \cdot \delta' = 0$. □

En résumé nous avons le résultat suivant, qui établit une bijection entre l'ensemble des classes d'équivalence de représentations irréductibles du groupe symétrique $\mathfrak{S}_n$ et l'ensemble $\mathfrak{F}_n$ des formes de YOUNG.

Théorème 9.10 — *On fait opérer le groupe symétrique $\mathfrak{S}_n$ par multiplication à gauche sur l'algèbre $\mathbb{C}[\mathfrak{F}_n]$. On a les quatre propriétés suivantes.*

a. L'idéal à gauche, engendré par le symétriseur d'un tableau de YOUNG est un sous-espace stable et irréductible de la représentation.

b. Les sous-représentations, associées à des tableaux de même forme, sont équivalentes.

c. Deux sous-représentations, associées à deux tableaux de formes différentes, sont non équivalentes.

d. Toute représentation irréductible du groupe symétrique $\mathfrak{S}_n$ est équivalente à une sous-représentation associée à un tableau de YOUNG de $\mathfrak{T}_n$.

La démonstration de ce théorème a été faite pour l'essentiel dans les propositions qui précèdent son énoncé. Il suffit encore de se souvenir que le nombre des classes de conjugaison du groupe symétrique $\mathfrak{S}_n$ égale celui des formes de YOUNG. L'application, qui à chaque tableau de YOUNG associe l'idéal à gauche minimal engendré par le symétriseur correspondant, passe au quotient. Ainsi on a construit une bijection entre l'ensemble $\mathfrak{F}_n$ des formes de YOUNG et l'ensemble des caractères irréductibles du groupe symétrique $\mathfrak{S}_n$. □

A titre d'exemple il est facile de vérifier que la représentation identité du groupe symétrique $\mathfrak{S}_n$ est associée au tableau de YOUNG suivant :

$$Id \mapsto \boxed{1\,|\,2\,|\cdots|\,n}$$

De même pour la signature :

$$sg \mapsto \begin{array}{|c|}\hline 1 \\\hline 2 \\\hline \vdots \\\hline n \\\hline\end{array}$$

Au chapitre 8 nous avons donné les caractères irréductibles du groupe symétrique $\mathfrak{S}_5$. Avec les notations d'alors on vérifiera les correspondances suivantes entre les caractères de degré supérieur à 1 et les formes de YOUNG :

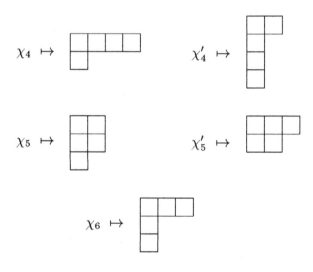

Annexe A : Exercices et problèmes sur les groupes

Exercice 1. a. Donner tous les morphismes du groupe cyclique $\mathbb{Z}/n\mathbb{Z}$ dans le groupe multiplicatif $\mathbb{C}^*$ des nombres complexes.
b. En déduire le nombre des morphismes d'un groupe abélien fini dans $\mathbb{C}^*$ en fonction de l'ordre du groupe.

Exercice 2. À quelle condition sur son ordre, un groupe cyclique est-il somme directe non banale de deux sous-groupes ?

Exercice 3. Montrer qu'un groupe fini est cyclique si, et seulement si, il admet au plus, pour chaque diviseur de l'ordre du groupe, un seul sous-groupe ayant pour ordre ce diviseur.

Exercice 4. Soit ω une racine primitive $n^{\text{ième}}$ de l'unité.
1.a. On suppose l'entier n impair. Quels sont, en fonction de n, les ordres de ω^2 et de $-\omega$?
b. Soient ω_1 et ω_2 deux éléments de $\mathbb{C}^*$ d'ordre n_1 et n_2 respectivement tels que $(n_1, n_2) = 1$. Donner l'ordre du produit $\omega_1 \omega_2$.
2.a. On suppose l'entier n pair et on pose $n = 2m$. Reconnaître ω^m. Donner les ordres de ω^2 et de $-\omega$ en fonction de l'entier m.
b. Retrouver les résultats annoncés, dans les trois cas particuliers suivants :
$$\omega = -1, \ i, \ -j.$$
3. On note Φ_n le $n^{\text{ième}}$ polynôme cyclotomique.
a. Rappeler quels sont les 6 premiers : Φ_i, $i = 1, \ldots, 6$.
b. Soit n un entier impair. Comparer les degrés de Φ_n et de Φ_{2n}. Exprimer $\Phi_{2n}(X)$ en fonction de $\Phi_n(X)$. Retrouver Φ_6 à l'aide de Φ_3.
c. Soit n un entier pair. Donner le degré de Φ_{2n} à l'aide de celui de Φ_n. Exprimer $\Phi_{2n}(X)$ en fonction de $\Phi_n(X)$. Retrouver Φ_4 avec l'aide de Φ_2
4. Calculer soigneusement Φ_{15}. En déduire Φ_{240}.

Exercice 5. Donner les entiers $n \geq 2$, pour lesquels l'entier $\varphi(n)$ divise n.

Exercice 6. a. En utilisant l'identité de BÉZOUT, identifier les entiers k, $0 < k < n$, qui engendrent le groupe cyclique $\mathbb{Z}/n\mathbb{Z}$.
b. Soit E un ensemble fini réunion, non nécessairement disjointe, des sous-ensembles E_i, $i = 1, \ldots, r$. Établir, en raisonnant par récurrence sur l'entier r, la formule, dite formule du crible[1] :

$$|E| = \sum_{1 \leq i \leq r} |E_i| - \sum_{1 \leq i < j \leq r} |E_i \cap E_j| + \cdots + (-1)^{r+1}|E_1 \cap E_2 \cdots \cap E_r|.$$

En déduire une formule analogue pour le cardinal de l'ensemble $F = \cap_{1 \leq i \leq r} E_i$ en utilisant la relation : $\overline{F} = \cup_{1 \leq i \leq r} \overline{E_i}$ (où $\overline{F} = E \setminus F$ et $\overline{E_i} = E \setminus E_i$, $i = 1, \ldots, r$).
c. On note F l'ensemble des entiers identifiés dans la première question. Soit $n = p_1^{\alpha_1} p_2^{\alpha_2} \cdots p_r^{\alpha_r}$ une décomposition de n en produit de facteurs premiers. On désigne par F_i l'ensemble des entiers compris entre 1 et n et premiers à p_i. Retrouver à l'aide de la formule précédente l'expression de la fonction d'EULER.

Exercice 7. Identifier $\text{End}(\mathbb{Z}/n\mathbb{Z})$ et $\text{Aut}(\mathbb{Z}/n\mathbb{Z})$ à $\mathbb{Z}/n\mathbb{Z}$ et $(\mathbb{Z}/n\mathbb{Z})^*$ respectivement. On se propose de décrire ce dernier groupe et de caractériser les entiers n pour lesquels il est cyclique.
a. Établir, en raisonnant par récurrence sur l'entier k, la formule

$$(1+p)^{p^k} = 1 + p^{k+1} \pmod{p^{k+2}}, \; p \text{ premier, impair.}$$

En déduire l'ordre de $1+p$ dans $(\mathbb{Z}/p^r\mathbb{Z})^*$. Prouver l'existence d'un élément d'ordre $(p-1)$ dans $(\mathbb{Z}/p^r\mathbb{Z})^*$. Donner maintenant la structure du groupe $(\mathbb{Z}/p^r\mathbb{Z})^*$, ainsi que ses facteurs invariants.
b. Établir, en raisonnant par récurrence sur l'entier k, la formule

$$(1+4)^{2^k} = 1 + 2^{k+2} \pmod{2^{k+3}}.$$

En déduire l'ordre de 1+4=5 dans $(\mathbb{Z}/2^r\mathbb{Z})^*$. Montrer alors que les éléments de $(\mathbb{Z}/2^r\mathbb{Z})^*$ sont représentés dans $\mathbb{Z}$ par $\pm 5^\alpha$, $0 \leq \alpha < 2^{r-2}$. En déduire la structure du groupe $(\mathbb{Z}/2^r\mathbb{Z})^*$ ainsi que ses facteurs invariants.
c. Donner, dans le cas général, la structure du groupe $(\mathbb{Z}/n\mathbb{Z})^*$ et caractériser les entiers n pour lesquels il est cyclique.

Exercice 8. Voici une version *alternée* du théorème de CAYLEY.
Identifier le groupe symétrique $\mathfrak{S}_n$ à un sous-groupe du groupe alterné $\mathfrak{A}_{n+2}$.

---

[1] Cette formule, appelée aussi formule d'inclusion et d'exclusion, a été utilisée par H. POINCARÉ en calcul des probabilités.

Sur les groupes 117

Exercice 9. a. On suppose le groupe abélien G libre de rang fini. Soit H un sous-groupe de G. Établir les équivalences suivantes :
$$H \text{ est facteur direct dans } G \iff G/H \text{ est sans torsion,}$$
$$\text{rang}(G) = \text{rang}(H) \iff G/H \text{ est de torsion.}$$
Soit $H_1 = \{x \in G, \exists n \in \mathbb{Z} \setminus \{0\}, nx \in H\}$. Montrer que les sous-groupes H et H_1 ont même rang et que H_1 est facteur direct dans G.
A quelle condition sur ses coordonnées, un élément de $\mathbb{Z}^r$ peut-il être intégré dans une base ?
Établir l'égalité : $\text{rang}(G) = \text{rang}(H) + \text{rang}(G/H)$.
b. Montrer que si H est un sous-groupe d'un groupe abélien G de type fini alors $\text{rang}(H) \leq \text{rang}(G)$.
c. En étudiant ce qui est conservé des propriétés du (a) montrer que, si H est un sous-groupe d'un groupe abélien de type fini G, on a toujours :
$$\text{rang}(G) = \text{rang}(H) + \text{rang}(G/H).$$

Exercice 10. Rappeler les classes d'isomorphie des groupes finis d'ordre au plus 10. Donner plusieurs réalisations pour chacune d'entre elles. Dessiner le treillis des sous-groupes pour chacune des classes trouvées.

Exercice 11. a. Montrer qu'il n'y a qu'une classe d'isomorphie de groupes d'ordre 15 et qu'il en est de même des groupes d'ordre 1999, 9199, 9919 et 9991.
b. Indiquer un ou plusieurs autres exemples de même nature.
c. Donner un représentant de chacune des classes d'isomorphie des groupes d'ordre $2p$, p premier, impair.
d. Déterminer le nombre des classes d'isomorphie des groupes d'ordre 12.
e. Étudier, suivant la parité de l'entier n, la situation du sous-groupe spécial orthogonal $SO_n(\mathbb{R})$ dans le groupe orthogonal $O_n(\mathbb{R})$.
f. Vérifier que le groupe $\mathbb{H}_4$ des quaternions n'est ni un produit direct, ni un produit semi-direct de deux sous-groupes non banals.

Exercice 12. On va montrer que tout groupe d'ordre 255 est cyclique.
1. Montrer que, pour chaque diviseur premier p de l'ordre du groupe, les groupes d'ordre 15, 51 et 85 n'ont qu'un seul sous-groupe de p-SYLOW. En déduire que tout groupe d'ordre 15, 51 et 85 est cyclique.
2. Soit G un groupe d'ordre 255.
a. Montrer que G admet un et un seul sous-groupe d'ordre 17 ; on notera L ce sous-groupe.
b. Montrer que G admet un sous-groupe d'ordre 3, que l'on notera H, et un sous-groupe d'ordre 5, noté K. Montrer que l'un au moins des deux sous-groupes H ou K est distingué dans G. En déduire que HK, HL et KL sont des sous-groupes cycliques de G.
c. Montrer que HKL est un sous-groupe de G. Donner son ordre. Montrer qu'il est abélien. En déduire que G est cyclique.

Exercice 13. Compléments sur le groupe diédral.
Rappeler la définition, par générateurs et relations, du groupe diédral $\mathfrak{D}_n$; donner ses caractères de degré un, son groupe dérivé ainsi que ses classes de conjugaison (attention à la parité de n). Quel est le centre de $\mathfrak{D}_n$? Pour quels entiers n, ce centre, lorsqu'il est non banal, est-il inclus dans le groupe dérivé?
Le groupe multiplicatif $(\mathbb{Z}/n\mathbb{Z})^*$ opère par multiplication sur le groupe additif $\mathbb{Z}/n\mathbb{Z}$. Comparer le groupe produit semi-direct obtenu à partir de cette opération au groupe des automorphismes du groupe diédral $\mathfrak{D}_n$. Identifier ce groupe des automorphismes dans les cas $n = 3, 4, 6$.

Exercice 14. Reconnaître les classes d'isomorphie des 4 groupes suivants :
a. Le sous-groupe de $GL_2(\mathbb{F}_3)$ formé des matrices triangulaires supérieures,
b. Le sous-groupe de $SL_2(\mathbb{F}_4)$ formé des matrices triangulaires supérieures,
c. Le sous-groupe de $GL_2(\mathbb{R})$ engendré par les deux matrices :
$$\begin{pmatrix} 0 & 1 \\ 1 & 0 \end{pmatrix}, \begin{pmatrix} \frac{1}{2} & -\frac{\sqrt{3}}{2} \\ \frac{\sqrt{3}}{2} & \frac{1}{2} \end{pmatrix},$$
d. Le sous-groupe de $GL_2(\mathbb{C})$ engendré par les deux matrices :
$$\begin{pmatrix} 0 & -1 \\ 1 & 0 \end{pmatrix}, \begin{pmatrix} -\frac{1}{2} & \frac{i\sqrt{3}}{2} \\ i\frac{\sqrt{3}}{2} & -\frac{1}{2} \end{pmatrix}.$$

Exercice 15. Groupes définis par générateurs et relations.
Vérifier que le groupe $\mathbb{H}_4$ des quaternions, d'ordre 8, est défini par les générateurs et relations suivants :
$$x^2 = y^2 = (xy)^2.$$
De même le groupe alterné $\mathfrak{A}_4$ est défini par :
$$x^2 = y^3 = (xy)^3 = 1.$$

Quant au groupe symétrique $\mathfrak{S}_4$, il est défini par l'un quelconque des trois systèmes de générateurs et relations suivants :
$$x^2 = y^3 = (xy)^4 = 1, \quad \text{ou} \quad x^2 = y^3 = z^4 = xyz = 1, \quad \text{ou} \quad y^3 = z^4 = (yz)^2 = 1.$$

Retrouver maintenant les caractères de degré un des groupes correspondants.

Exercice 16. Compléments sur le groupe $\mathfrak{S}_4$.
Donner les sous-groupes distingués de $\mathfrak{S}_4$.
Rappeler l'identification de $\mathfrak{S}_4$ avec le groupe des isométries (resp. des déplacements) qui laissent invariant un tétraèdre régulier (resp. un cube).
Reconnaître les stabilisateurs d'un sommet, d'une arête et d'une face dans chacune des identifications précédentes.

Décrire les représentations de permutations définies par l'opération de $\mathfrak{S}_4$ sur l'ensemble des quatre sommets du tétraèdre régulier, des huit sommets du cube, de ses sous-groupes de 2-(resp. 3-)SYLOW.
Reconnaître les groupes $\text{Aut}(\mathfrak{S}_4)$, $\text{Aut}(\mathfrak{A}_4)$, $\text{Aut}(\mathbb{H}_4)$, ainsi que le groupe affine du plan $(\mathbb{Z}/2\mathbb{Z})^2$.

Exercice 17. Vérifier que tout groupe dont l'ordre est au plus égal à 59 est résoluble. En déduire qu'un groupe d'ordre 90 est résoluble.

Exercice 18. Soit H le sous-groupe de $\mathfrak{S}_{2n}$ engendré par les n transpositions à supports disjoints $t_1 = (1,2), \ldots, t_n = (2n-1, 2n)$ et G_n le commutant, dans $\mathfrak{S}_{2n}$, de l'élément $t = (1,2) \cdot (3,4) \cdots (2n-1, 2n) \in \mathfrak{S}_{2n}$.
a. Montrer que H est un sous-groupe distingué de G_n, isomorphe au groupe $(\mathbb{Z}/2\mathbb{Z})^n$.
b. À toute permutation $\overline{\sigma} \in \mathfrak{S}_n$ on associe la permutation $\sigma \in \mathfrak{S}_{2n}$ définie par :

$$\sigma(2k) = 2\overline{\sigma}(k), \ \sigma(2k-1) = 2\overline{\sigma}(k) - 1, \ k = 1, \ldots, n.$$

Vérifier que σ est un élément de G_n. On note K le sous-groupe de G_n engendré par les permutations σ ainsi définies. Identifier K. Établir que G_n est le produit semi-direct des sous-groupes H et K. Préciser l'opération, par conjugaison, de K sur H.
c. Déduire des deux questions précédentes une identification du sous-groupe des commutants d'un élément d'ordre 2 du groupe symétrique $\mathfrak{S}_n$.

Exercice 19. On pose :

$$T = \{\begin{pmatrix} a & b \\ 0 & a^{-1} \end{pmatrix}, \ a \in \mathbb{F}_p^*, \ b \in \mathbb{F}_p\},$$

$$H = \{\begin{pmatrix} 1 & b \\ 0 & 1 \end{pmatrix}, \ b \in \mathbb{F}_p\}, \quad K = \{\begin{pmatrix} a & 0 \\ 0 & a^{-1} \end{pmatrix}, \ a \in \mathbb{F}_p^*\},$$

où $\mathbb{F}_p$ est le corps premier à p éléments.
a. Vérifier brièvement que T, H et K sont des sous-groupes du groupe linéaire $G = GL_2(\mathbb{F}_p)$. Préciser l'ordre de chacun d'eux, ainsi que leurs relations d'inclusion.
Que peut-on dire des deux applications :

$$\mathbb{F}_p \to H, \ b \mapsto \begin{pmatrix} 1 & b \\ 0 & 1 \end{pmatrix}, \ \mathbb{F}_p^* \to K, \ a \mapsto \begin{pmatrix} a & 0 \\ 0 & a^{-1} \end{pmatrix}.$$

b. Soit p_0, $p_0 \neq p$, un diviseur premier de l'ordre $|T|$ du groupe T. Montrer que K contient un sous-groupe de p_0-SYLOW de T. En déduire que tous les sous-groupes de SYLOW de T sont cycliques.

Donner l'ordre du groupe linéaire G. En déduire l'ordre d'un sous-groupe de p-SYLOW de G; donner un exemple d'un sous-groupe de p-SYLOW de G; ce sous-groupe exemplaire est-il distingué?

c. On définit les sous-groupes T_n, H_n et K_n de $GL_2(\mathbb{F}_q)$, $q = p^n$, $n > 1$, où $\mathbb{F}_q$ est le corps fini à q éléments, comme on vient de le faire, dans le cas $n = 1$, pour T, H et K. Montrer que tous les sous-groupes de SYLOW de T_n sont cycliques sauf l'unique sous-groupe de p-SYLOW que l'on reconnaîtra. Donner la nature des sous-groupes de p-SYLOW de $GL_2(\mathbb{F}_q)$.

Éléments de solutions

Exercice 1. a. Il y en a n, chacun est défini par une racine $n^{ième}$ de l'unité, image d'un générateur, 1 par exemple, de $\mathbb{Z}/n\mathbb{Z}$.

b. On utilisera le théorème de structure des groupes abéliens finis.

Exercice 2. L'ordre du groupe doit être distinct d'un nombre primaire (c'est-à-dire d'une puissance d'un nombre premier).

Exercice 3. On répartira les éléments du groupe en classes suivant leur ordre puis on utilisera la formule d'EULER : $n = \sum_{d, d|n} \varphi(d)$.

Exercice 4. 1.a. $o(\omega^2) = n$, $o(-\omega) = 2n$. b. $o(\omega_1 \omega_2) = n_1 n_2$.

2.a. $\omega^m = -1$, $o(\omega^2) = m$, $o(-\omega) = 2m$ si m est pair, m sinon.

3.b. $\mathrm{dg}(\Phi_n) = \mathrm{dg}(\Phi_{2n}) = \varphi(n)$; $\Phi_{2n}(X) = \Phi_n(-X)$.

c. $\mathrm{dg}(\Phi_{2n}) = 2\mathrm{dg}(\Phi_n) = 2\varphi(n)$; $\Phi_{2n}(X) = \Phi_n(X^2)$.

4. $\Phi_{15}(X) = X^8 - X^7 + X^5 - X^4 + X^3 - X + 1$; d'où, puisque $240 = 15 \cdot 2^4$:
$\Phi_{240}(X) = X^{64} + X^{56} - X^{40} - X^{32} - X^{24} + X^8 + 1$.

Exercice 5. On trouve $n = 2^\alpha 3^\beta$, $\alpha > 0$, $\beta \geq 0$.

Exercice 6. On trouve les entiers premiers à n.

Exercice 7. Le groupe est cyclique d'ordre $(p-1)p^{r-1}$.

Les facteurs invariants sont : $(2^{r-2}, 2)$.

On décompose n en facteurs premiers : $n = p_1^{\alpha_1} \cdots p_r^{\alpha_r}$. On utilise l'isomorphisme $(\mathbb{Z}/n\mathbb{Z})^* \simeq (\mathbb{Z}/p_1^{\alpha_1}\mathbb{Z})^* \cdots (\mathbb{Z}/p_r^{\alpha_r}\mathbb{Z})^*$. Le groupe est cyclique pour $n = p$, $2p$, p premier.

Exercice 8. Si $\sigma \in \mathfrak{S}_n$ est de signature paire on lui associe la même permutation considérée alors comme un élément de $\mathfrak{A}_{n+2}$; sinon on lui associe $\sigma \circ (n+1, n+2)$.

Exercice 9. Il faut se souvenir que le rang d'un groupe abélien libre de type fini est le nombre des éléments d'un système libre maximal, en particulier le nombre des éléments d'une base du groupe.

a. Pour la première équivalence on voit que si H est facteur direct dans G il existe un sous-groupe K de G tel que $G = H \oplus K$. Ce sous-groupe K, sous-groupe d'un groupe libre de rang fini, est de même nature et le quotient G/H, qui lui est isomorphe, est donc sans torsion. Réciproquement, supposons G/H sans torsion. Ce quotient est de type fini puisque G l'est. Le groupe G/H est donc libre de rang fini. Une base de G/H se relève dans G en un système libre, qui engendre un sous-groupe K de G, libre de rang fini. On vérifie aisément que $G = H + K$, que $H \cap K = \{0\}$ et donc que $G = H \oplus K$.

Pour la seconde équivalence soit $\{g_1, g_2, \cdots, g_r\}$ une base de H et g un élément non nul de G. Les éléments $\{g, g_1, g_2, \cdots, g_r\}$ sont liés puisque $\mathrm{rang}(G) = \mathrm{rang}(H)$ et il existe un entier non nul n tel que $ng \in H$. On en déduit que G/H est de torsion. Réciproquement supposons G/H de torsion. Soit $\{g_1, \cdots, g_r\}$ une base de G. Pour chaque entier i, $i = 1, \ldots, r$, il existe un entier positif n_i tel que $n_i g_i$ soit dans H. Les r éléments $n_i g_i$, $i = 1, \cdots, r$, constituent une famille libre de H. Et donc $\operatorname{rang}(H) \geq \operatorname{rang}(G)$. L'inégalité contraire étant acquise, on a l'égalité demandée.

Le sous-groupe H_1 est libre de type fini et par construction le quotient H_1/H est de torsion. On en déduit que les deux sous-groupes H et H_1 sont de même rang. Enfin, toujours par construction, le groupe quotient G/H_1 est sans torsion. Il s'ensuit que H_1 est facteur direct dans G.

En conséquence un élément de G peut faire partie d'une base de G si, et seulement si, ses coordonnées, dans une base donnée de G, sont premières entre-elles.

b. Le rang d'un groupe abélien de type fini est celui de son quotient par le sous-groupe de torsion. C'est aussi, ceci est très important, le nombre des éléments d'une famille libre maximale, car l'image d'une famille libre de G dans $G/T(G)$ (on désigne par $T(G)$ le groupe de torsion de G) est une famille libre. On en déduit, puisque toute famille libre de H est une famille libre de G, que $\operatorname{rang}(H) \leq \operatorname{rang}(G)$.

c. Il est clair que la première équivalence de la première question n'est plus valable. En effet soit $G = H \oplus T$ où H est un groupe abélien libre de rang fini et T est un groupe abélien fini. Le quotient G/H est de torsion. La première implication est donc fausse dans le cas général. Pourtant l'implication réciproque est vraie. En effet si G/H est sans torsion alors ce quotient est libre de rang fini. Une base quelconque de ce quotient se relève dans G suivant un système libre. Ce système engendre un sous-groupe libre, facteur direct dans G du sous-groupe H (comme dans la première question).

En revanche, la deuxième équivalence reste valable. Pour le voir il suffit de prendre dans H un système libre maximal et de lui adjoindre un élément quelconque g de G. Ce système n'est plus libre. Il existe même un entier n, non nul, tel que ng s'exprime à l'aide du système libre maximal. Donc son image $\bar{g}$ est un élément de torsion du quotient G/H. Réciproquement, si G/H est de torsion toute famille libre de G donne naissance, comme plus haut, à une famille libre de H ayant le même cardinal. D'où la première inégalité : $\operatorname{rang}(G) \leq \operatorname{rang}(H)$. Maintenant une famille libre de H est aussi une famille libre de G. D'où l'inégalité inverse.

Pour établir la dernière égalité on introduit le sous-groupe H', saturé de H et défini par $H' = \{g \in G, \exists n, n > 0, n \in \mathbb{N}, ng \in H\}$. Ce saturé contient le sous-groupe de torsion de G. Le quotient G/H' est sans torsion ; il est donc libre de rang fini. On en déduit que H' est facteur direct dans G d'un groupe libre L, isomorphe à G/H' : $G = H' \oplus L$. On a, dans ce cas particulier : $\operatorname{rang}(G) = \operatorname{rang}(H') + \operatorname{rang}(L)$. Mais comme $H \subset H'$ on a aussi : $G/H \simeq H'/H \oplus L$. De plus H'/H est de torsion ; on a donc $\operatorname{rang}(G/H) = \operatorname{rang}(L)$ et $\operatorname{rang}(H') = \operatorname{rang}(H)$. D'où l'égalité finale.

Exercice 10. Hormis les groupes abéliens, on trouve quatre classes d'isomorphie de groupes non abéliens d'ordre au plus 10 : pour $n = 6$ une seule classe, représentée par le groupe symétrique $\mathfrak{S}_3$ (ou le groupe diédral $\mathfrak{D}_3$ qui lui est isomorphe) ; pour $n = 8$ il y a deux classes, l'une représentée par le groupe du carré $\mathfrak{D}_4$ et l'autre par le groupe des quaternions $\mathbb{H}_4$; pour $n = 10$ une seule classe, représentée par le groupe diédral $\mathfrak{D}_5$.

Exercice 11. a. On montrera que les sous-groupes de SYLOW sont distingués.

b. Cf. l'exercice 12 suivant, ainsi que l'exercice 10 de l'annexe B.

c. Il y a deux classes : l'une est représentée par $\mathbb{Z}/2p\mathbb{Z}$ l'autre par le groupe diédral $\mathfrak{D}_p$.

d. Il y en a 5 dont les trois, constituées de groupes non abéliens, sont représentées parmi les exemples traités dans le cours.

e. Lorsque n est impair le groupe orthogonal est le produit direct du sous-groupe SO_n avec le sous-groupe $\{\pm Id\}$; lorsque n est pair alors le groupe orthogonal est le produit semi-direct de SO_n avec l'un quelconque des sous-groupes d'ordre 2 engendré par une symétrie hyperplane et orthogonale.

f. Tous les sous-groupes du groupe des quaternions sont distingués.

Exercice 13. Le groupe des automorphismes du groupe diédral est un produit semi-direct du groupe cyclique d'ordre n par le groupe $(\mathbb{Z}/n\mathbb{Z})^*$ des éléments inversibles de l'anneau $\mathbb{Z}/n\mathbb{Z}$. On a donc : $\mathrm{Aut}(\mathfrak{D}_n) \simeq \mathbb{Z}/n\mathbb{Z} \dot{\times} (\mathbb{Z}/n\mathbb{Z})^*$. Dans les trois cas particuliers $n = 3$, 4 et 6, les groupes sont isomorphes au groupe diédral $\mathfrak{D}_n$.

Exercice 14. Ces quatre groupes ont chacun 12 éléments. Le premier et le troisième sont isomorphes au groupe diédral $\mathfrak{D}_6$, le second est isomorphe au groupe alterné $\mathfrak{A}_4$. Quant au dernier, il s'agit du groupe dicyclique d'ordre 12.

Exercice 16. On a la chaîne des sous-groupes distingués : $\{1\} \subset \mathfrak{V}_4 \subset \mathfrak{A}_4 \subset \mathfrak{S}_4$. Ces quatre derniers groupes sont isomorphes au groupe $\mathfrak{S}_4$.

Exercice 17. Observer d'abord, qu'il suffit de montrer que chaque groupe non abélien admet un sous-groupe distingué non banal (ce qui règle le cas des groupes d'ordre primaire, ainsi que celui des groupes admettant un sous-groupe de p-SYLOW évidemment distingué) ; lorsqu'il y a doute sur l'existence d'un sous-groupe de SYLOW distingué (par exemple pour 24, 36 ou 48) on fait opérer le groupe par conjugaison sur l'ensemble des sous-groupes de p-SYLOW, pour un nombre premier p bien choisi ($p=2$, 3 et 2 resp. dans les exemples précédents). On observe alors que le noyau de cette opération répond aux exigences ; on pourrait aussi, mais ce n'est pas nécessaire, penser au théorème de BURNSIDE sur les groupes dont l'ordre est $p^a q^b$, a, $b \in \mathbb{N}$, p, q premiers).

On montrera qu'un groupe d'ordre 90 admet un sous-groupe d'ordre 45 en injectant, avec le théorème de CAYLEY, le groupe dans $\mathfrak{S}_{90}$ et en observant qu'un élément d'ordre 2 du groupe a pour image une permutation, sans point fixe, de signature impaire.

Exercice 18. a. Le groupe K permute entre eux les générateurs de H.

b. Écrire un élément d'ordre 2 comme un produit de transpositions.

c. Penser à distinguer le support de l'élément d'ordre 2 et son complémentaire. On montre alors que si le support de l'élément d'ordre 2 a $2r$ éléments alors le groupe recherché est isomorphe au produit direct $G_r \times \mathfrak{S}_{n-2r}$.

Exercice 19. a. Les ordres sont respectivement $p(p-1)$, p et $(p-1)$, les relations $H \subset T$, $K \subset T$ et $H \cap K = \{1\}$. Les applications sont des isomorphismes de groupes.

b. Un sous-groupe de p_0-SYLOW de K est aussi un sous-groupe de p_0-SYLOW de T ; le groupe multiplicatif d'un corps fini est cyclique.

L'ensemble des transposées des matrices de H est un p-SYLOW de G.

c. Les p-SYLOW sont abéliens d'ordre p^n et tous leurs éléments, distincts de 1, sont d'ordre p ; le sous-groupe H_n est un exemplaire.

Annexe B : Exercices et problèmes sur les caractères

Exercice 1. Vérifier, en donnant une matrice de passage commune, que les deux représentations suivantes du groupe diédral $\mathfrak{D}_3$, définies sur les générateurs par

$$(i) \quad r = \begin{pmatrix} \cos(\frac{2\pi}{3}) & -\sin(\frac{2\pi}{3}) \\ \sin(\frac{2\pi}{3}) & \cos(\frac{2\pi}{3}) \end{pmatrix}, \ s = \begin{pmatrix} 1 & 0 \\ 0 & -1 \end{pmatrix},$$

$$(ii) \quad r = \begin{pmatrix} j & 0 \\ 0 & j^2 \end{pmatrix}, \ s = \begin{pmatrix} 0 & 1 \\ 1 & 0 \end{pmatrix},$$

sont équivalentes.

Exercice 2. Le groupe symétrique $\mathfrak{S}_n$ opère naturellement sur l'ensemble $\{1, 2, \ldots n\}$. Décomposer la représentation de permutation associée en somme directe de représentations irréductibles. On calculera le caractère de la représentation de permutation ainsi que ceux de ses composantes irréductibles.

Exercice 3. Retrouver, en utilisant la stabilité des sous-espaces propres d'un endomorphisme f sous l'action d'un endomorphisme g commutant avec f, que les représentations complexes irréductibles d'un groupe abélien fini sont de degré un. Rappeler le nombre des classes d'équivalence de représentations irréductibles d'un tel groupe ainsi que la relation entre l'indice $[G : G']$ du groupe dérivé G' d'un groupe fini G et le nombre des caractères irréductibles de degré un de G. Donner les propriétés du tableau des caractères irréductibles d'un groupe abélien fini qui sont évidemment vraies. Établir qu'un groupe fini est abélien si, et seulement si, ses caractères irréductibles sont tous de degré un.

Exercice 4. Établir qu'un élément g d'un groupe fini G et son inverse g^{-1} sont conjugués dans G si, et seulement si, tout caractère de G prend sur g une valeur réelle.

Exercice 5. Soit r l'indice d'un sous-groupe abélien H du groupe fini G. Établir que le degré de tout caractère irréductible de G est majoré par r. En déduire les degrés, puis le nombre, des représentations irréductibles du groupe diédral. Qu'observe-t-on sur les degrés des caractères irréductibles des groupes non abéliens d'ordre 12 ?

Exercice 6. Soient χ un caractère irréductible d'un groupe fini G, ρ une représentation de G de caractère χ et g un élément de G. Établir les trois relations suivantes :
a. $|\chi(g)| \leq \mathrm{dg}(\chi)$,
b. $|\chi(g)| = \mathrm{dg}(\chi) \iff \rho(g)$ est une homothétie,
c. $\chi(g) = \mathrm{dg}(\chi) \iff \rho(g) = Id$.
Caractériser une représentation irréductible fidèle par une propriété de son caractère. Peut-on généraliser à une représentation non nécessairement irréductible ?

Exercice 7. a. Rappeler pourquoi la somme et le produit de deux caractères d'un groupe fini sont encore des caractères de ce groupe.
b. Vérifier que le produit de deux caractères irréductibles, dont l'un au moins est de degré un, est encore un caractère irréductible.
c. Donner un exemple d'un produit de deux caractères irréductibles qui n'est pas un caractère irréductible.

Exercice 8. Soient ρ une représentation de degré fini d'un groupe fini G et χ son caractère. Établir l'égalité :
$$\{g \in G, \ |\chi(g)| = \chi(1)\} = \{g \in G, \rho(g) = a Id, \ a \in \mathbb{C}\}.$$
On note $\mathfrak{Z}(\chi)$ l'ensemble précédent et $\mathfrak{Z}(G)$ le centre du groupe G.
Soient χ_i, $i = 1, \ldots, s$, les différents caractères irréductibles du groupe G. Établir l'égalité :
$$\mathfrak{Z}(G) = \bigcap_{i=1\ldots,s} \mathfrak{Z}(\chi_i).$$
On note $\mathrm{Ker}(\chi) = \{g \in G, \ \chi(g) = \chi(1)\}$.
Vérifier que le noyau d'un caractère est l'intersection des noyaux des caractères irréductibles qui figurent dans l'expression de χ avec la base des caractères irréductibles du groupe G.
En déduire que $\bigcap_{i=1\ldots s} \mathrm{Ker}(\chi_i) = 1$.

Exercice 9. a. Soit G un groupe abélien d'ordre pair. Rappeler l'existence dans G d'un sous-groupe d'indice 2. En déduire que G admet au moins deux caractères irréductibles réels.
b. On suppose maintenant le groupe abélien G d'ordre impair. En utilisant le théorème de structure des groupes abéliens finis, montrer que le seul caractère irréductible réel de G est le caractère identité.

Exercice 10. On se propose de généraliser les deux résultats précédents aux groupes finis non nécessairement abéliens. À cet effet on rappelle qu'une classe de conjugaison d'un groupe G est dite paire si elle est stable par passage à l'inverse, non paire sinon.

a. Donner une condition suffisante pour qu'une classe paire ait un nombre pair d'éléments. Donner un exemple de classe paire ayant un nombre impair d'éléments.

b. Observer les classes de conjugaison des groupes $\mathfrak{S}_4$, $\mathfrak{D}_4$, $\mathbb{H}_4$ et $\mathfrak{A}_4$ en distinguant les classes paires des autres.
Quelle particularité présente la valeur d'un caractère sur une classe de conjugaison paire ?

c. Quelle est la parité du nombre des classes de conjugaison de G qui ne sont pas paires ?

d. Pourquoi, si χ est un caractère (resp. un caractère irréductible) du groupe G, en est-il de même de son conjugué dans $\mathbb{C}$?

e. Établir qu'il y a autant de caractères irréductibles réels sur G que de classes de conjugaison paires.

f. Montrer que tout groupe fini d'ordre pair admet au moins deux classes de conjugaison paires. En déduire l'existence d'au moins deux caractères irréductibles réels.

g. Montrer que si le groupe G est d'ordre impair il n'admet qu'une seule classe de conjugaison paire à savoir $\{1\}$. En déduire qu'un groupe d'ordre impair n'admet qu'un seul caractère irréductible réel.

h. Nous allons affiner le dernier résultat.
Soit G un groupe fini d'ordre **impair** γ et soit s le nombre de ses classes de conjugaison. Établir la formule :

$$\gamma - s \equiv 0 \pmod{16}$$

Utiliser le résultat précédent pour retrouver la nature commune des groupes d'ordre 15, 33, 65.

Exercice 11. Donner les différentes classes d'isomorphie des groupes d'ordre 21. Dresser la table des caractères d'un groupe non abélien d'ordre 21.

Exercice 12. On pose $\zeta(s) = \sum_{n=1}^{+\infty} \dfrac{1}{n^s}$, $s > 1$. Établir les deux résultats suivants

$$\lim_{s=1}\zeta(s) = +\infty, \quad \sum_{n=1}^{+\infty}\dfrac{1}{n^s} = \prod_{p \in \mathcal{P}} \dfrac{1}{1 - \dfrac{1}{p^s}}$$

où $\mathcal{P}$ désigne l'ensemble des nombres premiers.
Soient χ_1 et χ_2 le caractère banal et le caractère non banal du groupe $\mathbb{F}_3^*$ prolongés

par 0 en 0. On note $\tilde{\chi}_1$ et $\tilde{\chi}_2$ leur prolongement multiplicatif à $\mathbb{N}$ et à valeurs dans $\{0, \pm 1\}$, obtenus par passage au quotient modulo 3. On pose :

$$L(\tilde{\chi}_i, s) = \sum_{n=1}^{+\infty} \frac{\tilde{\chi}_i(n)}{n^s}, \ s > 1, \ i = 1, 2.$$

Établir les formules :

$$L(\tilde{\chi}_i, s) = \prod_{p \in \mathcal{P}} \frac{1}{1 - (\tilde{\chi}_i(p)/p^s)}, \ i = 1, 2,$$

$$L(\tilde{\chi}_1, s) = (1 - \frac{1}{3^s})\zeta(s), \ \lim_{s \to 1} L(\tilde{\chi}_1, s) = +\infty.$$

Étudier le prolongement par continuité de la fonction $L(\tilde{\chi}_2, s)$ à l'intervalle $[1, +\infty[$. À partir de l'égalité

$$\sum_{p \in \mathcal{P}, \ p \equiv 1 \ [3]} \frac{1}{p^s} = \frac{1}{2} \sum_{p \in \mathcal{P}} \frac{\tilde{\chi}_1(p) + \tilde{\chi}_2(p)}{p^s}$$

et en faisant tendre s vers 1, montrer qu'il y a une infinité de nombres premiers, congrus à 1 modulo 3. Établir un résultat analogue avec les nombres premiers, congrus à 2 modulo 3.

Exercice 13. *Examen partiel de Novembre 1998.*
On se propose de dresser la table des caractères du groupe symétrique $\mathfrak{S}_5$ ainsi que celle du sous-groupe alterné $\mathfrak{A}_5$, puis d'établir la simplicité de ce dernier groupe.
Première partie.
1. Soit V un espace vectoriel de dimension finie n sur le corps des nombres complexes. On note $V \otimes V$ son carré tensoriel, S le sous-espace de $V \otimes V$ engendré par les vecteurs $v \otimes w + w \otimes v$, $v, w \in V$ et A celui engendré par les vecteurs $v \otimes w - w \otimes v$, $v, w \in V$. Reconnaître $S + A$.
Soit $\{e_1, \ldots, e_n\}$ une base de V. En déduire une base de S et A. Donner les dimensions respectives de S et A en fonction de n. En déduire la décomposition :

$$V \otimes V = S \oplus A.$$

2. Soit $\rho : G \to GL(V)$ une représentation d'un groupe fini G sur V.
a. Déduire de la décomposition précédente que la représentation

$$\rho \otimes \rho : G \to GL(V \otimes V)$$

est irréductible si, et seulement si, $\dim V = 1$.
On note ρ_S et ρ_A les restrictions de $\rho \otimes \rho$ aux sous-espaces S et A respectivement

et χ, χ_A et χ_S les caractères respectifs des représentations ρ, ρ_A et ρ_S.
b. Soient $g \in G$ et $\mathfrak{E} = \{e_1, \ldots, e_n\}$ une base de diagonalisation de $\rho(g)$. À l'aide des valeurs propres de $\rho(g)$ exprimer $\chi_A(g)$ en fonction de la différence $(\chi(g))^2 - \chi(g^2)$. Donner χ_S en fonction de χ^2 et χ_A.
Deuxième partie.
Le groupe symétrique $\mathfrak{S}_5$ opère par permutation sur $\{1, \ldots, 5\}$.
1. Calculer le caractère χ_p de la représentation de permutation associée à cette opération. Montrer qu'il est somme du caractère identité et d'un caractère irréductible χ_4 que l'on explicitera. Donner un second caractère irréductible χ'_4, de degré 4, du groupe $\mathfrak{S}_5$.
On désigne par ρ la représentation associée au caractère $\chi = \chi_4$ et V le sous-espace de la représentation ρ. Les sous-espaces S et A sont, dans notre cas particulier, ceux définis, plus généralement, dans la première partie. Il n'est pas nécessaire de les expliciter d'avantage.
2. Calculer χ_A. En déduire un caractère irréductible de degré 6 du groupe $\mathfrak{S}_5$ (ce caractère sera noté χ_6). Calculer maintenant le caractère χ_S. Décomposer ce caractère en une somme de caractères irréductibles que l'on précisera.
3. Dresser la table des caractères irréductibles du groupe symétrique $\mathfrak{S}_5$.
4. Expliciter les restrictions $\tilde{\chi}_4$ et $\tilde{\chi}_5$, des caractères χ_4 et χ_5 respectivement, au sous-groupe $\mathfrak{A}_5$ de $\mathfrak{S}_5$. En déduire deux caractères irréductibles du groupe $\mathfrak{A}_5$.
5. Montrer que la restriction $\tilde{\chi}_A$, du caractère χ_A au sous-groupe $\mathfrak{A}_5$, se décompose en une somme de deux caractères irréductibles dont on précisera le degré. En utilisant maintenant les propriétés des tableaux des caractères irréductibles des groupes finis, compléter la table des caractères du groupe alterné $\mathfrak{A}_5$.
Troisième partie.
À l'aide du nombre de ses caractères de degré 1 retrouver que le groupe alterné $\mathfrak{A}_5$ n'admet pas de sous-groupe distingué propre.
N.B. On a montré en exercices que tout groupe d'ordre inférieur ou égal à 59 admettait, s'il n'était pas abélien, un sous-groupe distingué non banal; on se souviendra aussi qu'un groupe résoluble admet, s'il n'est pas banal, un caractère de degré 1 non trivial.

Éléments de solutions
Exercice 1. Utiliser une base de diagonalisation sur $\mathbb{C}$ pour l'automorphisme r de la première représentation.
Exercice 2. Le groupe symétrique opère doublement transitivement sur l'ensemble $\{1, 2, \ldots, n\}$; utiliser le résultat du cours.
Exercice 3. Toute famille finie d'endomorphismes diagonalisables et commutant deux à deux admet une base commune de diagonalisation.
Exercice 4. Si $\chi(g)$ est réel pour tout caractère χ alors les caractères ne différencient pas la classe de conjugaison de g de celle de g^{-1}. On peut aussi utiliser l'orthogonalité des colonnes du tableau des caractères de G.
Exercice 5. Soient e un vecteur propre commun aux automorphismes $\rho(h)$, $h \in H$ et g_i, $i = 1, 2 \ldots, r$, un système de représentants des différentes classes à gauche du

groupe G modulo H. Étudier la stabilité du sous-espace vectoriel engendré par les $\{g_i \cdot e,\ i = 1, 2, \ldots, r\}$. Se souvenir que le groupe diédral n'est pas abélien et contient un sous-groupe cyclique d'indice 2.

Exercice 6. Se souvenir que le barycentre de n points du disque unité est aussi sur cette frontière si, et seulement si, les n points sont confondus en un même point du cercle unité.

Exercice 10. e. On pourra exprimer les caractères irréductibles de G à l'aide des indicatrices des classes de conjugaison de G ; on fera intervenir les classes de conjugaison paires et les couples formés par une classe de conjugaison non paire et son inverse d'une part, les caractères irréductibles réels et les couples formés par un caractère irréductible non réel et son conjugué d'autre part.

h. On utilisera la formule liant l'ordre du groupe et les degrés des représentations irréductibles ; on se souviendra que le degré d'une représentation irréductible divise l'ordre du groupe et que le carré d'un nombre impair est congru à 1 modulo 8).

Exercice 11. Il y a 2 classes d'isomorphie représentées l'une par le groupe cyclique et l'autre par le groupe $G = <a, b>$, à 2 générateurs, satisfaisant les relations $a^7 = b^3 = 1$, $bab^{-1} = a^2$. Les classes de conjugaison de G sont au nombre de 5 et la table des caractères irréductibles est :

G	1	$\{a, a^2, a^4\}$	$\{a^3, a^5, a^6\}$	$\{a^k b, k=1, \ldots, 7\}$	$\{a^k b^2, k=1, \ldots, 7\}$
Id	1	1	1	1	1
χ_1	1	1	1	j	j^2
χ_1'	1	1	1	j^2	j
χ_3	3	$\frac{1}{2}(-1+i\sqrt{7})$	$\frac{1}{2}(-1-i\sqrt{7})$	0	0
χ_3'	3	$\frac{1}{2}(-1-i\sqrt{7})$	$\frac{1}{2}(-1+i\sqrt{7})$	0	0

On notera que G est le plus petit groupe non abélien d'ordre impair.

Exercice 12. Le dernier résultat se retrouve de façon élémentaire en considérant la suite croissante 2, 3, 5, ..., p_k, ... des nombres premiers ; le nombre impair $3 \cdot 5 \cdot 7 \cdots p_k + 2$ admet un diviseur premier p supérieur à p_k et congru à 2 modulo 3, car l'ensemble des nombres impairs congrus à 1 modulo 3 est stable par multiplication.

Exercice 13. Ce problème propose une variante de la justification de la simplicité du groupe alterné $\mathfrak{A}_5$. Elle est basée sur l'existence d'un unique caractère de degré 1 pour ce groupe et sur le fait que les groupes d'ordre au plus 59 sont tous résolubles.

Première Partie.

1. Soit $\{e_i,\ i = 1, \ldots n\}$, une base de V. Le sous-espace S a pour base les tenseurs symétriques $\{e_i \otimes e_j + e_j \otimes e_i,\ 1 \leq i \leq j \leq n\}$; il est de dimension $n(n+1)/2$. Le sous-espace A a pour base les tenseurs alternés $\{e_i \otimes e_j - e_j \otimes e_i,\ 1 \leq i < j \leq n\}$. Sa dimension est $n(n-1)/2$. L'espace vectoriel $V \otimes V$ est somme directe de ces deux sous-espaces : $V \otimes V = S \oplus A$.

2.a. Les deux sous-espaces A et S sont stables par la représentation $\rho \otimes \rho$. Aussi cette représentation n'est irréductible que lorsque le sous-espace A est réduit à $\{0\}$, c'est-à-dire lorsque $n = 1$.

b. Si $g \cdot e_i = \lambda e_i$ on a $g \cdot (e_i \otimes e_j - e_j \otimes e_i) = \lambda_i \lambda_j (e_i \otimes e_j - e_j \otimes e_i)$. On en déduit : $\chi_A(g) = \frac{1}{2}(\chi(g)^2 - \chi(g^2))$. De la décomposition en somme directe de $V \otimes V$ il vient :

$\chi_S = \chi^2 - \chi_A$ car χ^2 est le caractère de la représentation produit tensoriel $\rho \otimes \rho$.
Deuxième Partie.
Au cours de la solution deux tableaux explicitent tous les caractères rencontrés.
1. On a $\chi_p(\sigma) = |\{i,\ \sigma(i) = i\}|$. On en déduit la valeur de χ_p sur les différentes classes de conjugaison. De plus $\|\chi_p\|^2 = 2 = 1^2 + 1^2$ et $\langle \chi_p, 1 \rangle = 1$. On en déduit que le caractère χ_p est somme du caractère identité et d'un caractère irréductible χ_4 de degré 4. Le produit du caractère χ_4 et de la signature (produit tensoriel des deux représentations) donne un second caractère de degré 4 noté χ_4'.
2. Le calcul de χ_A se fait à partir de la formule : $\chi_A(g) = (\chi(g)^2 - \chi(g^2))/2$. On observe que $\|\chi_A\|^2 = 1$; d'où un caractère irréductible de degré 6 noté aussi χ_6. On en déduit aussi une expression pour le caractère χ_S : $\chi_S = \chi^2 - \chi_A$. Mais $\|\chi_S\|^2 = 3 = 1^2 + 1^2 + 1^2$, $\langle \chi_S, 1 \rangle = 1$ et $\langle \chi_S, \chi_4 \rangle = 1$. On en déduit que le caractère χ_S est somme de l'identité, du caractère χ_4 et d'un caractère irréductible de degré 5 noté χ_5 que l'on explicite immédiatement. Par tensorisation avec la signature il en découle un second caractère de degré 5 noté χ_5'.
3. Tout est maintenant clair. Il suffit de consulter le tableau suivant des caractères de $\mathfrak{S}_5$.

$\mathfrak{S}_5$	1 (1)	(1,2) (10)	(1,2,3) (20)	(1,2,3,4) (30)	(1,2,3,4,5) (24)	(1,2)(3,4) (15)	(1,2)(3,4,5) (20)
Id	1	1	1	1	1	1	1
sg	1	-1	1	-1	1	1	-1
χ_4	4	2	1	0	-1	0	-1
χ_4'	4	-2	1	0	-1	0	1
χ_5	5	1	-1	-1	0	1	1
χ_5'	5	-1	-1	1	0	1	-1
χ_6	6	0	0	0	1	-2	0
χ_p	5	3	2	1	0	1	0
χ_A	6	0	0	0	1	-2	0
χ_S	10	4	1	0	0	2	1

4. On explicite les restrictions au groupe $\mathfrak{A}_5$ immédiatement et on obtient :

$$\|\tilde{\chi}_4\|^2 = \|\tilde{\chi}_5\|^2 = 1.$$

D'où deux caractères irréductibles du groupe $\mathfrak{A}_5$ de degré 4 et 5.
5. On a aussi :

$$\langle \tilde{\chi}_A, 1 \rangle = \langle \tilde{\chi}_A, \tilde{\chi}_4 \rangle = \langle \tilde{\chi}_A, \tilde{\chi}_5 \rangle = 0\ ;\ \|\tilde{\chi}_A\|^2 = 2 = 1^2 + 1^2.$$

Mais 18=9+9 et 6=3+3 ; On en déduit l'existence de deux caractères irréductibles de degré 3 noté $\tilde{\chi}_3$ et $\tilde{\chi}_3'$. On détermine les valeurs de ces caractères par la méthode des coefficients indéterminés. L'orthogonalité avec la première colonne conduit au système :

$$a + a' = 0\ ,\ b + b' = 1\ ,\ c + c' = 1\ ,\ d + d' = -2.$$

Les longueurs des seconde et cinquième colonnes donnent :

$$a^2 + a'^2 = 0\ ,\ d^2 + d'^2 = 2.$$

On en tire donc déjà : $a = a' = 0$, $d = d' = -1$. L'orthogonalité des première et seconde lignes donne $b + c = 1$. La longueur de la seconde ligne conduit à : $b^2 + c^2 = 1$. On en déduit $bc = -1$. Et finalement :
$$b = \frac{1+\sqrt{5}}{2} \ , \ c = \frac{1-\sqrt{5}}{2}.$$

$\mathfrak{A}_5$	1	$(1,2)(3,4)_{15}$	$(1,2,3)_{20}$	$(1,2,3,4,5)_{12}$	$(2,1,3,4,5)_{12}$
Id	1	1	1	1	1
$\tilde{\chi}_3$	3	$d = -1$	$a = 0$	$b = \frac{1+\sqrt{5}}{2}$	$c = \frac{1-\sqrt{5}}{2}$
$\tilde{\chi}'_3$	3	$d' = -1$	$a' = 0$	$b' = \frac{1-\sqrt{5}}{2}$	$c' = \frac{1+\sqrt{5}}{2}$
$\tilde{\chi}_4$	4	0	1	-1	-1
$\tilde{\chi}_5$	5	1	-1	0	0
$\tilde{\chi}_4$	4	0	1	-1	-1
$\tilde{\chi}_5$	5	1	-1	0	0
$\tilde{\chi}_A$	6	-2	0	1	1

Troisième partie.

Le groupe $\mathfrak{A}_5$ n'admet, nous venons de le voir, qu'un caractère de degré 1. On sait que tout groupe d'ordre inférieur ou égal à 59 est résoluble et donc admet au moins deux caractères de degré 1. Si notre groupe $\mathfrak{A}_5$ possédait un sous-groupe distingué non banal H alors le groupe quotient $\mathfrak{A}_5/H$ serait d'ordre inférieur à 60. Ce quotient admettrait au moins deux caractères de degré 1. Il en serait de même de $\mathfrak{A}_5$; ce qui n'est pas le cas.

Annexe C : Exercices et problèmes sur les représentations induites

Exercice 1. *Des exemples d'entiers algébriques.*
a. Rechercher l'anneau des entiers algébriques des corps quadratiques. On rappellera pourquoi un corps quadratique est de la forme $\mathbb{Q}(\sqrt{d})$ où d est un entier, $d \neq 0$, $d \neq 1$ et sans terme carré (quadratfrei). On montrera ensuite que l'anneau des entiers est $\mathbb{Z}(\sqrt{d})$ lorsque $d \equiv 2, 3 \pmod 4$ et $\mathbb{Z}(\omega)$, $\omega = (1 + \sqrt{d})/2$, lorsque $d \equiv 1 \pmod 4$. On vérifiera aussi que pour $d = -1, -2, -3, -7$ et -11 ces anneaux sont euclidiens pour la norme usuelle.
b. Soient ω_i, $i = 1, \ldots, n$, n racines $m^{i\text{ème}}$ de l'unité, non nécessairement distinctes. On suppose que $\eta = (\sum_{i=1\ldots n} \omega_i)/n$ est un entier algébrique. Montrer que, soit $\eta = 0$, soit $\omega_i = \omega$, $i = 1, \ldots, n$, $\omega^m = 1$.

Exercice 2. Un groupe fini G opère transitivement sur un ensemble fini E. On note H le stabilisateur d'un point $x \in E$. Soient ρ_1 la représentation de G induite par la représentation triviale de degré 1 de H et ρ_2 la représentation de permutation définie par l'opération de G sur E. Comparer ces deux représentations.

Exercice 3. Soit H un sous-groupe d'un groupe G et soit G/H l'ensemble des classes à gauche de G modulo H. Rappeler la définition de l'opération de G sur G/H par les translations à gauche ainsi que le noyau du morphisme de groupes, $G \to \text{Bij}(G/H)$, qui définit cette opération.
On note ρ_1 la représentation triviale de degré 1 de H. Identifier la représentation $\text{Ind}_H^G(\rho_1)$. Faire le lien avec l'exercice précédent.

Exercice 4. Soit G le sous-groupe du sous-groupe symétrique $\mathfrak{S}_5$ engendré par les deux permutations : (1,2,3) et (4,5). Montrer que la représentation de permutation, définie par G sur l'ensemble $\{1, \ldots, 5\}$, n'est induite par aucune des représentations des sous-groupes propres de G.

Exercice 5. Soit G le groupe, produit semi-direct de ses sous-groupes monogènes $H = <a>$ et $K = <b>$, défini par les générateurs et relations suivants :

$$a^7 = 1, \ b^3 = 1, \ bab^{-1} = a^2.$$

On note ω le nombre complexe, $\omega = \exp(2i\pi/7)$, et ρ_1 la représentation du sous-groupe H définie par $\rho_1(a) = \omega$. Donner les matrices de $\mathrm{Ind}_H^G(\rho_1)(a)$ et $\mathrm{Ind}_H^G(\rho_1)(b)$. Calculer le caractère de cette représentation induite.

Exercice 6. Soient H et K deux sous-groupes d'un groupe fini G et φ une fonction constante sur les classes de conjugaison de H.
a. On suppose $H \subset K$. Établir la formule de transitivité :

$$\mathrm{Ind}_K^G((\mathrm{Ind}_H^K)(\varphi)) = \mathrm{Ind}_H^G(\varphi).$$

b. On suppose $HK = G$. Établir la formule de restriction :

$$\mathrm{Ind}_H^G(\varphi)|K = \mathrm{Ind}_{H\cap K}^K(\varphi).$$

c. Soit ψ une fonction constante sur les classes de conjugaison de G. Établir la formule du produit :
$$\mathrm{Ind}_H^G(\varphi.(\psi|H)) = \mathrm{Ind}_H^G(\varphi).\psi.$$

Exercice 7. Soit G le sous-groupe du groupe $SL_2(\mathbb{F}_7)$ formé des matrices triangulaires supérieures dont les éléments diagonaux sont des carrés de $\mathbb{F}_7$. Étudier ce groupe, dresser la table de ses caractères irréductibles, donner le polynôme minimal associé aux sommes de GAUSS à trois sommants qui apparaissent dans cet exemple. Proposer une représentation complexe, fidèle, irréductible et de degré trois de G.
En déduire la table des caractères du groupe $\tilde{G}$ formé des matrices triangulaires supérieures de $SL_2(\mathbb{F}_7)$.

Exercice 8. Soient χ un caractère irréductible d'un groupe fini G et H un sous-groupe distingué de G. Pour que le caractère χ soit induit par un caractère irréductible de H, il faut et il suffit que les deux conditions suivantes soient satisfaites :
a. Le caractère χ s'annule sur $G \setminus H$,
b. La restriction de χ à H s'écrit sous la forme

$$\chi|H = \chi_1 + \chi_2 + \cdots + \chi_t, \ \langle\chi_i, \chi_j\rangle_H = \delta_{ij}, \ 1 \leq i, j \leq t,$$

où les χ_i, $i = 1, \ldots, t$, sont des caractères de H.

Exercice 9. *Voici une généralisation de l'exercice précédent.*
Dans tout cet exercice H est un sous-groupe distingué du groupe fini G.

a. Soient χ un caractère de H et χ_g le conjugué de χ par $g \in G$ (il est défini par $\chi_g(h) = \chi(ghg^{-1})$, $h \in H$). Montrer que χ_g est encore un caractère de H et que, de plus, il est irréductible si, et seulement si, χ l'est.

À partir de maintenant soient ψ un caractère irréductible de G, $\psi_H = \text{Res}_H(\psi)$ sa restriction à H et χ un caractère irréductible de H, composant de ψ_H de multiplicité $\mu > 0$. On note toujours χ_g le conjugué de χ par $g \in G$.

b. Exprimer $\langle \psi_H, \chi_g \rangle_H$ à l'aide de μ.

Pour la suite, on note plus simplement $\tilde{\chi} = \text{Ind}_H^G(\chi)$.

c. Déterminer $\langle \psi, \tilde{\chi} \rangle_G$.

d. À partir de l'expression définissant $\tilde{\chi}(h)$ pour $h \in H$, exprimer $\tilde{\chi}_H = \text{Res}_H(\tilde{\chi})$ en fonction des χ_g, $g \in G$.

e. On note $\chi_1, \chi_2, \ldots, \chi_t$ les différents caractères irréductibles qui apparaissent dans la famille $\{\chi_g, \ g \in G\}$. Soit χ' un caractère irréductible de H tel que $\chi' \neq \chi_i$ pour $i = 1, 2, \ldots, t$. Ici encore on pose $\tilde{\chi}' = \text{Ind}_H^G(\chi')$. Donner la valeur de $\langle (\tilde{\chi})_H, \chi' \rangle_H$. En déduire la valeur de $\langle \tilde{\chi}, \tilde{\chi}' \rangle_G$, puis celle de $\langle \psi, \tilde{\chi}' \rangle_G$, enfin celle de $\langle \psi_H, \chi' \rangle_H$.

f. Exprimer ψ_H à l'aide de μ et des χ_i, $i = 1, 2, \ldots, t$.

Que peut-on dire de μ et de t lorsque le caractère irréductible ψ de G est induit par un caractère de H ?

Exercice 10. *Examen de janvier 1998.*
Première partie : *Une propriété des groupes finis simples.*

1.a. Rappeler, avec une justification, une condition nécessaire et suffisante sur l'ordre du groupe pour qu'un groupe fini admette un élément d'ordre 2.

b. Justifier pourquoi un groupe fini qui admet un caractère irréductible de degré 2 admet un élément d'ordre 2.

c. Vérifier que, pour toute représentation ρ de degré fini d'un groupe fini, la fonction $g \mapsto \det(\rho(g))$ est un caractère du groupe.

2. Soit G un groupe fini, simple.

a. Montrer que, hormis un cas que l'on précisera, G n'admet qu'un seul caractère de degré 1.

b. Montrer que toute représentation irréductible de G, de degré fini et supérieur ou égal à 2, est fidèle.

c. En déduire qu'un groupe fini simple n'admet pas de caractère irréductible de degré 2.

3. L'existence d'un élément d'ordre 2 dans un groupe fini non abélien implique-t-elle l'existence d'un caractère irréductible de degré 2 ?

Deuxième partie : *Les cycles de longueur n de $\mathfrak{S}_n$ pour n impair.*
On note E l'ensemble des cycles de longueur n du groupe symétrique $\mathfrak{S}_n$, n impair

[n=2m+1], $n \geq 3$, c_1 et c_2 les deux éléments particuliers suivants de E :

$$c_1 = (1, 2, 3, \ldots, n), \ c_2 = (2, 1, 3, \ldots, n).$$

Le groupe $\mathfrak{S}_n$ opère, par définition, sur l'ensemble $\{1, 2, \ldots, n\}$ et, par conjugaison, sur E.

1. Rappeler le nombre des éléments de E. En déduire le nombre des éléments de $\mathfrak{S}_n$ qui stabilisent un élément c de E. Identifier, à l'aide de c, le sous-groupe $\mathrm{Stab}_{\mathfrak{S}_n}(c)$ de $\mathfrak{S}_n$.

2. On restreint l'opération de $\mathfrak{S}_n$ sur E à son sous-groupe alterné $\mathfrak{A}_n$. Donner le nombre des orbites de E sous l'action de $\mathfrak{A}_n$ ainsi qu'un représentant de chacune d'entre elles.

3. Observer que tout élément c de E s'écrit, d'une façon et d'une seule, sous la forme $c = (\mathbf{1}, i_2, i_3, \ldots, i_n)$. On pose :

$$\theta(c) = \mathrm{sg}(\begin{pmatrix} \mathbf{1} & 2 & 3 & \ldots & n \\ \mathbf{1} & i_2 & i_3 & \ldots & i_n \end{pmatrix}).$$

[oui, il s'agit bien de la signature de la permutation :

$$1 \mapsto 1, \ 2 \mapsto i_2, \ 3 \mapsto i_3, \ldots, n \mapsto i_n.]$$

Déterminer $\theta(c_1)$ et $\theta(c_2)$.

Donner $\theta(c_1^{-1})$ en fonction de la parité de m [rappel : n=2m+1].

4. On note $S_1 = \mathrm{Stab}_{\mathfrak{S}_n}(1)$, le stabilisateur du point 1 de $\{1, 2, \ldots, n\}$. Exprimer pour $\sigma \in S_1$ le nombre $\theta(\sigma c \sigma^{-1})$ en fonction de $\mathrm{sg}(\sigma)$ et de $\theta(c)$. En déduire une caractérisation des orbites de E sous l'action du groupe alterné $\mathfrak{A}_n$ à l'aide de la fonction θ.

5. Calculer $\theta(\tau_i c_1 \tau_i)$ pour $\tau_i = (1, i)$, $i = 2, 3, \ldots, n$. En déduire $\theta(\sigma c \sigma^{-1})$ en fonction de $\mathrm{sg}(\sigma)$ et de $\theta(c)$ pour tout c de E et tout σ de $\mathfrak{S}_n$.

Troisième partie : *Les caractères irréductibles de $\mathfrak{A}_5$.*

On se propose de déterminer par des procédures d'inductions les caractères irréductibles de $\mathfrak{A}_5$. Dans toute la suite, et pour tout groupe G, on note 1_G le caractère irréductible, banal, du groupe G.

1.a. Donner, avec justifications, les classes de conjugaison des groupes alternés $\mathfrak{A}_4$ et $\mathfrak{A}_5$.

b. Rappeler la table des caractères de degré 1 du groupe $\mathfrak{A}_4$.

2. Déterminer le produit scalaire : $\langle \mathrm{Ind}_{\mathfrak{A}_4}^{\mathfrak{A}_5}(1_{\mathfrak{A}_4}), 1_{\mathfrak{A}_5} \rangle_{\mathfrak{A}_5}$. En déduire un caractère irréductible $\tilde{\chi}_4$ de degré 4 de $\mathfrak{A}_5$.

3. Soit χ un caractère de degré 1, non banal, de $\mathfrak{A}_4$. Étudier et expliciter le caractère $\tilde{\chi}_5 = \mathrm{Ind}_{\mathfrak{A}_4}^{\mathfrak{A}_5}(\chi)$.

4.a. Soit H le sous-groupe de $\mathfrak{A}_5$ engendré par le cycle $c_1 = (1, 2, \ldots, 5)$ et χ' son caractère de degré 1 défini par $\chi'(c_1) = \omega$, $\omega = \exp(2i\pi/5)$. Calculer $\tilde{\chi}_{12} = \mathrm{Ind}_H^{\mathfrak{A}_5}(\chi')$, puis $\langle \tilde{\chi}_{12}, \tilde{\chi}_5 \rangle_{\mathfrak{A}_5}$ et enfin $\langle \tilde{\chi}_{12} - \tilde{\chi}_5, \tilde{\chi}_4 \rangle_{\mathfrak{A}_5}$. En déduire un caractère irréductible $\tilde{\chi}_3$ de degré 3 de $\mathfrak{A}_5$.

b. On remplace ω par ω^3. Qu'obtient-on ?
5. Dresser la table des caractères irréductibles de $\mathfrak{A}_5$. Commenter le fait que cette table est constituée de nombres réels. En est-il de même de celle de $\mathfrak{A}_7$?

Exercice 11. *Problème d'examen de Janvier 1999.*
1.a. Soit H le sous-groupe du groupe spécial unitaire SU_2 engendré par les deux matrices :
$$I = \begin{pmatrix} i & 0 \\ 0 & -i \end{pmatrix}, \; J = \begin{pmatrix} 0 & 1 \\ -1 & 0 \end{pmatrix}.$$
Reconnaître le groupe H (on posera $K = IJ$).
b. Soit L le sous-groupe de SU_2 engendré par la matrice $B = -\frac{1}{2}(1 + I + J + K)$. Calculer B^2, puis B^3. En déduire l'ordre de L.
c. Calculer BIB^{-1}, BJB^{-1} et BKB^{-1}. En déduire l'ordre et la nature du sous-groupe G de SU_2 engendré par les deux matrices I et B (on donnera les relations entre G, H et L).
2.a. Identifier le groupe quotient G/H. En déduire le nombre des caractères de degré 1 du groupe G.
b. Donner le centre de G et identifier le groupe quotient $G/\{\pm 1\}$. En déduire l'existence d'un caractère irréductible de degré 3 pour G.
c. Donner le nombre et le degré des différents caractères irréductibles de G.
[$G = H \dot\times L$, $H = G'$, $G/H \simeq \mathbb{Z}/3\mathbb{Z}$, $\text{Cent}(G) = \{\pm 1\}$, $G/\{\pm 1\} \simeq \mathfrak{A}_4$.]
3.a. Donner les différentes classes de conjugaison du groupe G. Distinguer les classes paires. Dresser la table des caractères de degré 1 du groupe G.
b. En utilisant la définition du groupe G, ainsi que le groupe des déplacements du tétraèdre régulier, dresser la table des caractères irréductibles du groupe G.
c. Le groupe G admet-il un sous-groupe d'indice 2 ? Une des représentations irréductibles de G est-elle une représentation induite non banale ?

Éléments de solutions
Exercice 2. Se souvenir de la bijection entre l'ensemble G/H des classes à gauche de G modulo H et E ; vérifier alors que ces deux représentations sont équivalentes.
Exercice 3. Il s'agit, bien sûr, de la représentation de permutation sur l'ensemble des classes à gauche de G modulo H. L'identification du noyau, qui n'est pas particulièrement utile pour la suite de l'exercice, présente toujours une petite difficulté pour un non initié ; il faut réaliser que ce noyau est nécessairement inclus dans H et est un sous-groupe distingué de G.
Exercice 4. Utiliser un argument de divisibilité, liant le degré de la représentation et l'ordre des sous-groupes propres de G. L'objet de l'exercice est de faire observer que toute représentation n'est pas, nécessairement, une induite non banale.
Exercice 5. Le groupe G est non abélien, d'ordre 21. La représentation obtenue est irréductible de degré 3.
Exercice 6. Il suffit de faire les calculs à partir de la définition de la fonction induite.
Exercice 7. Le groupe G est facteur direct dans $\tilde{G}$.
Exercice 8. On établira que $t = [G : H]$.

Exercice 10. 1.a. D'après le théorème de LAGRANGE l'ordre du groupe doit être pair.
b. Le degré d'un caractère irréductible est un diviseur de l'ordre du groupe. Le groupe est donc d'ordre pair. Il admet un sous-groupe de 2-SYLOW et donc un élément d'ordre une puissance positive de 2. Finalement il admet un élément d'ordre 2.
c. La vérification est immédiate, après avoir observé que cette application avait un sens.
2.a. Si le groupe est abélien d'ordre p, p premier, il admet p caractères de degré 1. S'il n'est pas abélien son groupe dérivé coïncide avec le groupe lui-même. On en déduit alors que l'identité est le seul caractère de degré 1.
b. Le noyau d'une représentation irréductible est un sous-groupe distingué de G. Le caractère étant distinct de l'identité, ce noyau ne peut être que $\{1\}$
c. Soit ρ une représentation irréductible de degré 2. Le caractère $\det(\rho)$ ne peut être que l'identité. Aussi les automorphismes $\rho(g)$, $g \in G$, sont-ils diagonalisables et de déterminant 1. On a : $\rho(g) = \pm Id$. S'il existait $g \in G$ tel que $\rho(g) = -Id$ le noyau de ρ serait un sous-groupe distingué de G non banal ; ce qui est exclu. Finalement on a : $\rho(g) = Id$, $g \in G$. On en déduit que ρ n'est pas irréductible. Ce qui contredit l'hypothèse initiale.
3. Le groupe alterné $\mathfrak{A}_5$ est simple, non abélien et d'ordre 60. Il n'admet pas de caractère de degré 2.
Deuxième partie.
L'objet de cette partie est la description des deux classes de conjugaison des cycles de longueur $2n + 1$ dans le groupe alterné $\mathfrak{A}_{2n+1}$. Cette étude est détaillée au chapitre 8, paragraphe 4.1. Voir aussi, au chapitre 5, le paragraphe 2.
Troisième partie.
1.a. Les 4 classes de conjugaison de $\mathfrak{A}_4$ sont $\{1\}$, l'ensemble des trois éléments d'ordre 2, à savoir $\{(1,2)(3,4), (1,3)(2,4), (1,4)(2,3)\}$ et les deux familles de 3-cycles : $\{(1,2,3), (2,4,3), (1,3,4), (1,4,2)\}$ d'une part, leur quatre inverses d'autre part.
Les cinq classes de conjugaison de $\mathfrak{A}_5$ sont d'une part $\{1\}$, l'ensemble des 15 éléments d'ordre 2, produits de deux transpositions à supports disjoints, et l'ensemble des 20 cycles de longueur 3 ; d'autre part les 24 cycles de longueur 5, partagés en deux classes de 12 éléments chacune. Chaque classe est stable par passage à l'inverse. Une est représentée par le cycle (1,2,3,4,5), l'autre par (2,1,3,4,5).
b. Voici la table des caractères de degré 1 du groupe $\mathfrak{A}_4$:

$\mathfrak{A}_4$	1	$(1,2)(3,4)_3$	$(1,2,3)_4$	$(1,3,2)_4$
Id	1	1	1	1
χ_1	1	1	j	j^2
χ_1'	1	1	j^2	j

2. Le calcul du produit scalaire utilise la formule de réciprocité de FROBENIUS et donne :

$$\langle \mathrm{Ind}_{\mathfrak{A}_4}^{\mathfrak{A}_5}(1_{\mathfrak{A}_4}), 1_{\mathfrak{A}_5}\rangle_{\mathfrak{A}_5} = \langle 1_{\mathfrak{A}_4}, 1_{\mathfrak{A}_4}\rangle_{\mathfrak{A}_4} = 1.$$

On en déduit que $\tilde{\chi}_4 = \mathrm{Ind}_{\mathfrak{A}_4}^{\mathfrak{A}_5}(1_{\mathfrak{A}_4}) - 1_{\mathfrak{A}_5}$ est un caractère de degré 4. Il est, de plus, irréductible car il ne contient plus de caractère de degré 1 et il n'existe pas de caractère de degré 2.
3. Toujours avec l'aide de la formule de réciprocité il vient :

$$\langle \mathrm{Ind}_{\mathfrak{A}_4}^{\mathfrak{A}_5}(\chi_1), 1_{\mathfrak{A}_5}\rangle_{\mathfrak{A}_5} = \langle \chi_1, 1_{\mathfrak{A}_4}\rangle_{\mathfrak{A}_4} = 0.$$

Sur les représentations induites 137

D'où, pour les mêmes raisons que précédemment, un nouveau caractère irréductible de degré 5 : $\tilde{\chi}_5 = \operatorname{Ind}_{\mathfrak{A}_4}^{\mathfrak{A}_5}(\chi_1)$. On explicite les deux caractères à l'aide de la formule :

$$\operatorname{Ind}_H^G(\chi)(g) = \frac{1}{|H|} \sum_{k^{-1}gk \in H} \chi(k^{-1}gk).$$

Les relations d'orthogonalité permettent d'éviter certains calculs sauvages.

4.a. Le calcul de l'induite $\tilde{\chi}_{12}$ ne présente pas de difficultés si on observe que le stabilisateur du cycle $(1,2,3,4,5)$ est le sous-groupe H lui-même. Le calcul des deux produits scalaires donne la décomposition de $\tilde{\chi}_{12}$ en somme de 3 caractères irréductibles :

$$\tilde{\chi}_{12} = \tilde{\chi}_5 + \tilde{\chi}_4 + \tilde{\chi}_3.$$

b. Le remplacement de ω par ω^3 conduit au caractère conjugué $\tilde{\chi}_3'$ de $\tilde{\chi}_3$.

5. Les classes de conjugaison de $\mathfrak{A}_5$ sont stables par passage à l'inverse aussi la table des caractères est-elle réelle. Il n'en est plus de même pour $\mathfrak{A}_7$.

$\mathfrak{A}_5$	1	$(1,2)(3,4)_{15}$	$(1,2,3)_{20}$	$(1,2,3,4,5)_{12}$	$(2,1,3,4,5)_{12}$
Id	1	1	1	1	1
$\tilde{\chi}_3$	3	-1	0	$1+\omega+\omega^4$	$1+\omega^2+\omega^3$
$\tilde{\chi}_3'$	3	-1	0	$1+\omega^2+\omega^3$	$1+\omega+\omega^4$
$\tilde{\chi}_4$	4	0	1	-1	-1
$\tilde{\chi}_5$	5	1	-1	0	0
$\operatorname{Ind}_{\mathfrak{A}_4}^{\mathfrak{A}_5}(1_4)$	5	1	2	0	0
$\operatorname{Ind}_H^{\mathfrak{A}_5}(\chi')$	12	0	0	$\omega+\omega^4$	$\omega^2+\omega^3$

Noter que l'on a :

$$\omega + \omega^4 = 2\cos(2\pi/5) = \frac{1}{2}(\sqrt{5}-1) \quad \text{et} \quad \omega^2 + \omega^3 = 2\cos(4\pi/5) = -\frac{1}{2}(\sqrt{5}+1).$$

Exercice 11. 1.a. Le groupe H est celui des quaternions, d'ordre 8. Il est défini ici par sa représentation linéaire complexe, fidèle, de degré 2.

b. On trouve $B^2 = \frac{1}{2}(1 - I - J - K)$ et $B^3 = 1$. On en déduit que L est un sous-groupe d'ordre 3.

c. On obtient :

$$BIB^{-1} = J, \; BJB^{-1} = K, \; BKB^{-1} = I.$$

Le groupe G est un produit semi direct $G = H \dot\times K$ et son ordre est $|G| = 24$.

2.a. Le groupe quotient $G/H \simeq \mathbb{Z}/3\mathbb{Z}$ est abélien. Comme $\{\pm 1\}$ est le seul sous-groupe de G inclus dans H et que $G/\{\pm 1\}$ n'est pas abélien, on en déduit que le groupe dérivé de G est $G' = H$. D'où l'existence de trois caractères de degré 1 pour G, dont deux ne sont pas réels mais imaginaires conjugués.

b. Le centre de G est $Z(G) = \{\pm 1\}$ et le quotient $G/Z(G)$ est isomorphe au groupe alterné $\mathfrak{A}_4$. D'où un caractère irréductible de degré 3 pour G, déduit de celui de $\mathfrak{A}_4$.

c. Comme $1 + 1 + 1 + 9 = 12$, seuls 3 caractères irréductibles de degré 2 sont encore possibles pour le groupe G. Et un est déjà connu. On attend aussi 7 classes de conjugaison dans G.

3.a. Voici les classes de conjugaison du groupe G :

$$\{1\}, \{-1\}, \{\pm I, \pm J, \pm K\},$$

$$\{B - IB, -JB, -KB\} \text{ et } \{B2, IB^2, JB^2, KB^2\}.$$

Ces deux dernières classes s'échangent par passage à l'inverse. En les multipliant chacune par -1 on obtient les deux dernières classes :

$$\{-B\ IB,\ JB,\ KB\} \text{ et } \{-B2, -IB^2, -JB^2, -KB^2\}.$$

Parmi ces 7 classes, trois sont paires.

b. Voici la table des caractères irréductibles de G :

G	1 (1)	-1 (1)	I (6)	B (4)	B^2 (4)	$-B$ (4)	$-B^2$ (4)
1	1	1	1	1	1	1	1
χ_1	1	1	1	j	j^2	j	j^2
χ_1'	1	1	1	j^2	j	j^2	j
χ_2	2	-2	0	-1	-1	1	1
χ_2'	2	-2	0	$-j$	$-j^2$	j	j^2
χ_2''	2	-2	0	$-j^2$	$-j$	j^2	j
χ_3	3	3	-1	0	0	0	0

c. Le groupe G ne peut pas admettre de sous-groupe d'indice deux. S'il en était ainsi ce sous-groupe serait distingué et le groupe G admettrait alors deux caractères réels de degré un ; ce qui n'est pas le cas.

Notons enfin que le sous-groupe H est le seul sous-groupe d'indice 3 de G (c'est un sous-groupe de 2-SYLOW et il est distingué). La réponse à la dernière question du problème se trouve dans l'exercice 8, qui précède.

Bibliographie

[1] M. Berger. *Géométrie, tome 2*. Editions Nathan, Paris, 1990.

[2] N. Bourbaki. *Algèbre*. Diffusion CCLS, Paris, 1970.

[3] L. Comtet. *Analyse Combinatoire, tome premier*. Presses Universitaires de France, 1970.

[4] H.S.M. Coxeter and W.O.J. Moser. *Generators and relations for discrete groups*. Springer Verlag, 1972.

[5] M. Hall. *The theory of groups*. The Macmillan Cy, 1959.

[6] John F. Humphreys. *A course in Group Theory*. Oxford University Press, 1997.

[7] M. Isaacs. *Character theory of finite groups*. Academic Press, 1976.

[8] N. Jacobson. *Basic Algebra 1*. W.H. Freemann and company, 1974.

[9] N. Jacobson. *Basic Algebra 2*. W.H. Freemann and company, 1980.

[10] A. Kirillov. *Eléments de la théorie des représentations*. Editions Mir, Moscou, 1974.

[11] S. Mac Lane. *Homology*. Springer-Verlag, 1963.

[12] S. Lang. *Algebraic Number Theory*. Addison Wesley, 1970.

[13] M.N. Naimark and A.I. Stern. *Théorie des représentations des groupes*. Editions Mir, Moscou, 1979.

[14] P. Naudin and C. Quitté. *Algorithmique algébrique*. Masson Paris, 1992.

[15] D. Perrin. *Cours d'algèbre*. Ellipses, Paris, 1996.

[16] P. Samuel. *Théorie algébrique des nombres*. Hermann, Paris, 1967.

[17] J-P. Serre. *Corps locaux*. Hermann Paris, 1968.

[18] J-P. Serre. *Cours d'arithmétique*. Presses Universitaires de France, 1977.

[19] J-P. Serre. *Représentations linéaires des groupes finis*. Hermann, Paris, 1978.

[20] B-L. van der Waerden. *Algebra, Erster Teil*. Springer Verlag, 1966.

[21] B-L. van der Waerden. *Algebra, Zweiter Teil*. Springer Verlag, 1967.

[22] A. Weil. *Basic Number Theory*. Springer Verlag, 1967.

Index

A
automorphisme intérieur, 14, 34

C
caractère de degré un, 41
caractère fidèle, 62
caractère, 45
caractère induit (calcul du), 78
centre (d'un groupe), 13
classe à gauche, 7
classe d'isomorphie, 7
commutant, 14
composant isotypique, 50
cube, 48
cycle de longueur k, 30
cyclotomique (corps), 68
cyclotomique (polynôme), 69

D
degré (d'une représentation), 39
distingué (sous-groupe), 8
dodécaèdre, 103

E
entier algébrique, 63

F
fidèle (représentation), 39
fidèle (opération), 25
fonction d'Euler, 18

G
générateurs et relations (groupe engendré par), 12
groupe (de type fini), 23
groupe alterné, 37
groupe cyclique, 17

groupe de Frobenius, 94
groupe des quaternions, 60
groupe diédral, 74
groupe du carré, 59
groupe du cube, 47
groupe du dodécaèdre, 102
groupe du tétraèdre, 58
groupe du triangle équilatéral, 46
groupe libre, 12
groupe monogène, 17
groupe quotient, 8
groupe résoluble, 66
groupe symétrique, 30

I
icosaèdre, 72
indice, 8
inversion (dans une permutation), 34

L
lemme de Schur, 50

M
Mackey (critère de), 80

O
octaèdre, 84
opération de groupe, 25
opération transitive, 26
orbite, 25
ordre d'un élément, 18
ordre d'un groupe, 7

P
partition d'un entier, 108
polynôme cyclotomique, 19
primaire (nombre), 120

produit direct (de groupes), 9
produit semi-direct (de groupes), 10
profondeur d'une permutation, 32

R
réciprocité (formule de Frobenius), 78
réciprocité quadratique (loi de Gauß), 92
rang (d'un groupe abélien libre), 21
rang (d'un groupe de type fini), 24
représentation (notion de), 39
représentation (sous-), 41
représentation de permutation, 44
représentation induite, 73
représentation irréductible, 41
représentation régulière, 45
représentations (produit tensoriel de), 44
représentations (somme directe de), 42
représentations équivalentes, 41

S
signature d'une permutation, 33
sous-groupe de p-SYLOW, 28
stabilisateur (sous-groupe), 25
support d'une permutation, 30
symétriseur de Young, 111

T
tétraèdre, 48
tableau de YOUNG, 108
torsion (élément), 23
torsion (sous-groupe), 23
transposition, 30